技術者のための
数値計算入門

相良 紘——・著

Excel VBAで学ぶ

日刊工業新聞社

はじめに

　自然科学の事象を産業技術に結びつける数学的な扱いには3つのステップがあると思う。第1のステップは，事象を物理的・化学的にイメージできるモデルとして組み立て，そのモデルを数学上の言葉すなわち数式モデルとして表現することであり，第2のステップにおいて，数式モデルに適切な数学的操作を施して理工学上で使える方程式に変形する。そして第3のステップでは，その方程式を解き，解いて得られた数値や数表を克明に解釈して産業技術の設計や解析に反映させるのである。

　具現的な数値や数表を得るための数学手法の主役が数値計算法である。数値計算と言えば，ふた昔前までは膨大な量の計算と時間を費やす難作業であったことを思い出す人も多いのではなかろうか。ところが，パソコンが普及しExcelが日常の道具となった現今では，数値計算は最も手軽な数学手法の1つになったと言えるかもしれない。

　Excelを活用して数値計算法を使いこなすには，解法の数学的原理と手順を知ることが肝要である。数値解法の知識があって，プログラミングの知識が少しでもあれば，Excelに搭載されているプログラミング言語VBA（Visual Basic for Applications）による数値計算プログラムの作り方も使い方も容易に理解できると思う。

　本書の企図は，数値計算法を実用的にマスターしてもらうところにある。すなわち，各解法の原理を平易に解説しつつ，解法の手順を手計算によって具体的に示すことと，理工学への応用と発展を念頭に置いたVBAによる数値計算プログラムを提供することにある。技術計算や研究開発の一助になれば幸いである。

　本書の作成にあたって，恩師である平田光穂先生（東京都立大学名誉教授）のご著書を大いに参考にさせていただいた。また，本書の出版に際しては，日刊工業新聞社の天野慶悟氏から数多くの貴重なアドバイスを頂戴した。ここに，深甚の謝意を表したい。

2007年　晩夏　　**相良　紘**

■ダウンロード案内■

　本書に収録したExcel VBAによる数値計算プログラム（以下，本プログラム）は，日刊工業新聞社（以下，弊社）の以下のアドレスより直接無償でダウンロードできます。プログラムはzip形式で圧縮されていますので下記のパスワードを入力して解凍し，ご使用ください。

http://pub.nikkan.co.jp/suchi/suchi.html
（圧縮解除パスワード：nikkan2523）

　本プログラムは，Microsoft Windows XP Home EditionおよびMicrosoft Office Excel 2003の環境下にて動作することを確認していますが，それ以外の環境については試しておりません。

　なお，本プログラムの使用に際して，著者および弊社は上記環境も含め，いずれの環境における動作，および動作させたことによって起こったトラブルについても保証するものではありません。使用につきましては，利用者自身の責任においてご利用ください。

　また，本プログラムの記述に関する内容以外のご質問（Excel VBA，Windowsなどのソフトウェアおよびご使用のハードウェアの使用法など）や，本プログラムの内容を超える質問については一切お答えできません。

　本プログラムは，著作権法上の保護を受けています。著作，発行者の許諾を得ずに，無断で複写，複製することは禁じられています。

■各種登録商標■

Microsoft Windows XP SPは，マイクロソフト社の登録商標です。
Microsoft Office Excel 2003は，マイクロソフト社の登録商標です。
なお，本書記事中では®およびTMは省略してあります。

目　　次

はじめに …………………………………………………………………… i
ダウンロード案内 ………………………………………………………… ii

1　補間式をつくる …………………………………………………… 1

1.1　線形補間法 ………………………………………………………… 1
1.2　ラグランジュの補間法 …………………………………………… 5
1.3　ニュートンの補間法 ……………………………………………… 8
【数学講座】ニュートンの後進形補間式を導く ………………… 13

2　多元連立1次方程式を解く ……………………………………… 15

2.1　クラメル法 ………………………………………………………… 15
2.2　ガウスの消去法 …………………………………………………… 21
2.3　ガウス・ジョルダンの消去法 …………………………………… 27
2.4　ヤコビの反復法 …………………………………………………… 30
2.5　ガウス・ザイデルの反復法 ……………………………………… 32
2.6　緩和法 ……………………………………………………………… 35

3　相関式をつくる …………………………………………………… 39

3.1　選点法 ……………………………………………………………… 39
3.2　平均法 ……………………………………………………………… 41
3.3　最小2乗法 ………………………………………………………… 43

4　微分係数を求める ………………………………………………… 49

4.1　差分法 ……………………………………………………………… 49

| 4.2 補間式による方法 ··· 52
| 4.3 ダグラス・アバキアン法 ·· 55
| 【数学講座】 ダグラス・アバキアン法の係数を求める ·············· 60

5 　定積分を求める ·· 67

　5.1 数値積分の補間式 ··· 67
　5.2 台形法 ··· 68
　5.3 シンプソン法 ·· 72
　5.4 ガウス法 ··· 77
　【数学講座】 ガウス法の定数を求める ································· 82

6 　1変数方程式を解く ··· 85

　6.1 はさみうち法 ·· 85
　6.2 2分割法 ·· 89
　6.3 単純代入法 ··· 92
　6.4 ニュートン法 ·· 96

7 　連立非線形方程式を解く ·· 103

　7.1 はさみうち法 ··· 103
　7.2 ニュートン・ラプソン法 ··· 108
　【数学講座】 3元以上の多元連立非線形方程式へ拡張する ········ 114

8 　1階常微分方程式を解く ·· 115

　8.1 テイラー級数展開法 ··· 115
　8.2 オイラー法 ·· 119
　8.3 変形オイラー法 ·· 123
　8.4 修正オイラー法 ·· 126

 8.5 ホイン法 …………………………………………………… 126
 8.6 ミルン法 …………………………………………………… 129
 8.7 ルンゲ・クッタ法 ………………………………………… 134
 【数学講座Ⅰ】 ミルンの公式を導く ……………………………… 139
 【数学講座Ⅱ】 ミルン法の出発値の修正子を求める ………………… 142
 【数学講座Ⅲ】 ルンゲ・クッタの公式を導く ……………………… 144

9　高階常微分方程式を解く …………………………………… 149

 9.1 オイラー法 ………………………………………………… 149
 9.2 ルンゲ・クッタ法 ………………………………………… 152
 【数学講座】 高階常微分方程式を変換する ……………………………… 158

10　偏微分方程式を解く ………………………………………… 159

 10.1 差分方程式とその表記法 ………………………………… 159
 10.2 差分方程式による表現法 ………………………………… 163
 10.3 シュミット法 ……………………………………………… 166
 10.4 クランク・ニコルソン法 ………………………………… 171
 10.5 反復法 ……………………………………………………… 177
 10.6 緩和法 ……………………………………………………… 184
 10.7 シュミット法と緩和法の組合せ ………………………… 192
 【数学講座】 差分近似公式を導く ………………………………………… 194

参考図書 ………………………………………………………………… 197
索　引 …………………………………………………………………… 198

第1章
補間式をつくる

『化学反応の実験を行い，一定時間ごとに反応物の濃度を測定し，時間に対する濃度変化のデータを得た。このデータから，任意の時間における反応物の濃度を知るにはどうすればよいか』──それには，**補間式**をつくればよい。

独立変数（実験で制御できる量）x に対応する**従属変数**（測定すべき未知の量）y の関係，すなわち実験データ (x, y) が何組も得られたとする。このとき，"データ (x, y) の間にある任意の変数 x の値に対する変数 y の値を求めること"を**補間法**といい，補間値 y を求める式を補間式という。

補間法を用いれば，データを等間隔のまとまった関係として数表に表すこともできるし，希望する x の値に対する y の値を求めることもできる。

1.1　線形補間法

真の曲線がある。この曲線が小区間 $[x_i, x_{i+1}]$ で**直線**によって**近似**できると仮定すれば，$x_i \leq x \leq x_{i+1}$ にある点 x に対する y の値は，次式で計算できる（図1.1）。

$$y \doteqdot y_L = y_i + \frac{y_{i+1} - y_i}{x_{i+1} - x_i}(x - x_i) \tag{1}$$

式(1)による補間が**線形補間法**であり，**折れ線近似**ということもある。線形補間法は，選ぶ区間 $[x_i, x_{i+1}]$ を狭くすれば計算精度が向上するので，簡単でしかも実用性の高い補間法である。

第1章 補間式をつくる

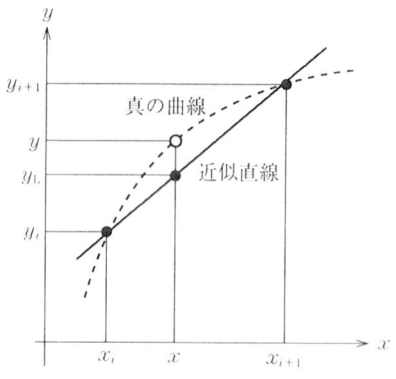

図1.1 線形補間法

  例題1.1

下表のデータがある。線形補間法を適用して，$x=1.1$ における y の値を求めよ。

x	y
1	0
2	0.69315
3	1.09861
4	1.38629
5	1.60944
6	1.79176
7	1.94591
8	2.07944
9	2.19722
10	2.30259

  解

式(1)を適用すると，

$$y = 0 + \frac{0.69315 - 0}{2 - 1}(1.1 - 1) = 0.069315 \qquad 答$$

1.1 線形補間法

　Excel ファイル「ex-01.1.1」は，線形補間法の Excel シートと VBA プログラムである（図 1.1.1）。シートには，[例題 1.1] を例として解いた結果を示してあるが，データ点数とデータ (x, y) を入力し，希望する変数 x の値を指定してマクロを実行すれば，変数 y の補間値が求められる。なお，データ点数の最大を 15 点としているが，より多くのデータを入力したい場合には，プログラム中のインデックス（配列に沿える数字）を増やせばよい。

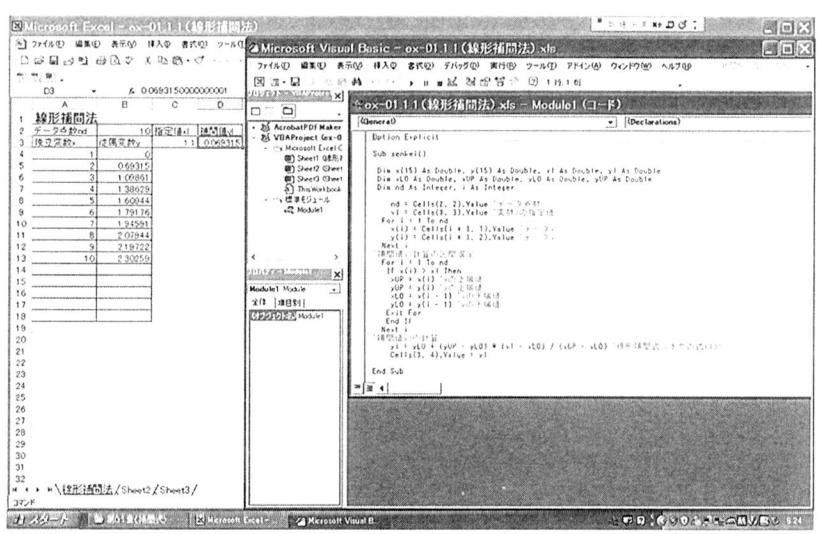

図 1.1.1　線形補間法「ex-01.1.1」

問 1.1

　下表のデータがある。線形補間法を適用して $x = 0.43$ における y の値を求めよ。　　　　　　　　　　　　　　　　　答　$y = 0.761065$

第1章　補間式をつくる

x	0	0.1	0.2	0.3	0.4	0.5	0.6	0.7	0.8	0.9	1
y	1	0.91735	0.8608	0.81925	0.7792	0.71875	0.6016	0.37105	-0.056	-0.79505	-2

👆 クリック

　[例題1.1] の数表は**自然対数表**から抜粋したものであり，y の値は $\log x$ である。[例題1.1] の結果と**テイラー（Taylor）展開**（テイラー級数）から求めた値を比較してみよう。

　テイラー展開は後の章でもしばしば登場してくるので，ここで要約して述べておくことにする。

　関数 $f(x)$ の値 $f(x_0+h)$ の h についてのテイラー展開は次式で表される。

$$f(x_0+h) = f(x_0) + f'(x_0)h + \frac{f''(x_0)}{2!}h^2 + \frac{f'''(x_0)}{3!}h^3 + \cdots \quad (\text{a})$$

　数学的な説明と誘導は微分積分学の書に譲ることにして，式（a）を $\log(1+x)$ に適用すると次式を得る。

$$\log(1+x) = x - \frac{1}{2}x^2 + \frac{1}{3}x^3 - \cdots + (-1)^{n-1}\frac{1}{n}x^n + \cdots$$

$$(|x|<1) \quad\quad\quad (\text{b})$$

　Excel ファイル「**ex-01.1.2**」はテイラー級数式（b）を用いて $\log(1+x)$ を求めたものである（ただし，べき数 $n=10$ としている）。自然対数表から求めた $\log 1.1$ の線形補間値と，テイラー級数式から求めた $\log 1.1$ の値（$=\mathbf{0.095310}$）を比較してもらいたい。

　ついでに，テイラー級数のべき数 n が $\log(1+x)$ の値にどのように影響されるかについても調べてみてもらいたい。

1.2 ラグランジュの補間法

n 組のデータ (x_1, y_1), (x_2, y_2), (x_3, y_3), …, (x_n, y_n) が与えられている。このとき，n 個の点を通る $n-1$ 次の**多項式**は次のように表すことができる。

$$y = a_1(x-x_2)(x-x_3)(x-x_4)\cdots(x-x_n) + a_2(x-x_1)(x-x_3)(x-x_4)$$
$$\cdots(x-x_n) + a_3(x-x_1)(x-x_2)(x-x_4)\cdots(x-x_n) + \cdots$$
$$+ a_n(x-x_1)(x-x_2)(x-x_3)\cdots(x-x_{n-1}) \tag{1}$$

ここで，$a_1, a_2, \cdots, a_n$ は係数であり，式(1)に点 (x_1, y_1) を代入すれば係数 a_1 は次のように求まる。

$$a_1 = \frac{y_1}{(x_1-x_2)(x_1-x_3)(x_1-x_4)\cdots(x_1-x_n)} \tag{2}$$

他の係数も同じように求められ，係数 a_n について示せば次のようになる。

$$a_n = \frac{y_n}{(x_n-x_1)(x_n-x_2)(x_n-x_3)\cdots(x_n-x_{n-1})} \tag{3}$$

これらの係数を式(1)に代入すると，次式が得られる。

$$y = y_1 \frac{(x-x_2)(x-x_3)(x-x_4)\cdots(x-x_n)}{(x_1-x_2)(x_1-x_3)(x_1-x_4)\cdots(x_1-x_n)}$$
$$+ y_2 \frac{(x-x_1)(x-x_3)(x-x_4)\cdots(x-x_n)}{(x_2-x_1)(x_2-x_3)(x_2-x_4)\cdots(x_2-x_n)} + \cdots$$
$$+ y_n \frac{(x-x_1)(x-x_2)(x-x_3)\cdots(x-x_{n-1})}{(x_n-x_1)(x_n-x_2)(x_n-x_3)\cdots(x_n-x_{n-1})} \tag{4}$$

式(4)を**ラグランジュ（Lagrange）の補間式**と呼び，式(4)によるデータの補間を**ラグランジュの補間法**という。

たとえば，データの数が3個（$n=3$）ならば，式(4)は次式となる。

$$y = y_1 \frac{(x-x_2)(x-x_3)}{(x_1-x_2)(x_1-x_3)} + y_2 \frac{(x-x_1)(x-x_3)}{(x_2-x_1)(x_2-x_3)} + y_3 \frac{(x-x_1)(x-x_2)}{(x_3-x_1)(x_3-x_2)} \tag{5}$$

式(5)は x についての $3-1=2$ 次式であり，(x_1, y_1), (x_2, y_2), (x_3, y_3) の3点を必ず通ることが分かる。

第1章 補間式をつくる

ラグランジュの補間法は，データが等間隔に与えられている必要はない。この点が，等間隔のデータを必要とするニュートン（Newton）の補間法（第1.3節で述べる）とは大きく異なる。

なお，ラグランジュの補間式に限らず，補間式を適用する場合は，その式を決めた**範囲内**での使用に限定すべきである。範囲外での式の挙動は保証されないし，補外によって得られた値は無意味な値となる場合が多いからである。また，補間多項式の次数が高ければ得られる補間値の精度が向上するとは考えないほうがよい。次数が低くても精度の高い補間値が得られる場合が往々にしてある。

例題 1.2

下表のデータがある。ラグランジュの補間法を適用して，$x=26$ における y の値を求めよ。

x	14	20	35	50
y	0.0764	0.1134	0.2160	0.3350

解

式(4)に表のデータを代入すると，

$$y = (0.0764)\{(26-20)(26-35)(26-50)\}/\{(14-20)(14-35)(14-50)\}$$
$$+ (0.1134)\{(26-14)(26-35)(26-50)\}/\{(20-14)(20-35)(20-50)\}$$
$$+ (0.2160)\{(26-14)(26-20)(26-50)\}/\{(35-14)(35-20)(35-50)\}$$
$$+ (0.3350)\{(26-14)(26-20)(26-35)\}/\{(50-14)(50-20)(50-35)\}$$
$$= -(0.0764)(2/7) + (0.1134)(24/25) + (0.2160)(64/175) - (0.3350)(1/25)$$
$$= 0.15263 \quad \text{答}$$

例題 1.3

［例題1.1］で与えられたデータにラグランジュの補間法を適用して，$x=1.1$ における y の値を求めよ。

解

Excel ファイル「ex-01.2.1」を開いてみよ。

　Excel ファイル「ex-01.2.1」は，ラグランジュ補間法の Excel シートと VBA プログラム（ただし，データ点数は 15 点まで）である（図 1.2.1）。シートには［例題 1.3］を例として解いた結果を示してあるが，データ点数とデータ (x, y) を入力し，希望する変数 x の値を指定すれば，変数 y の補間値が求められる。

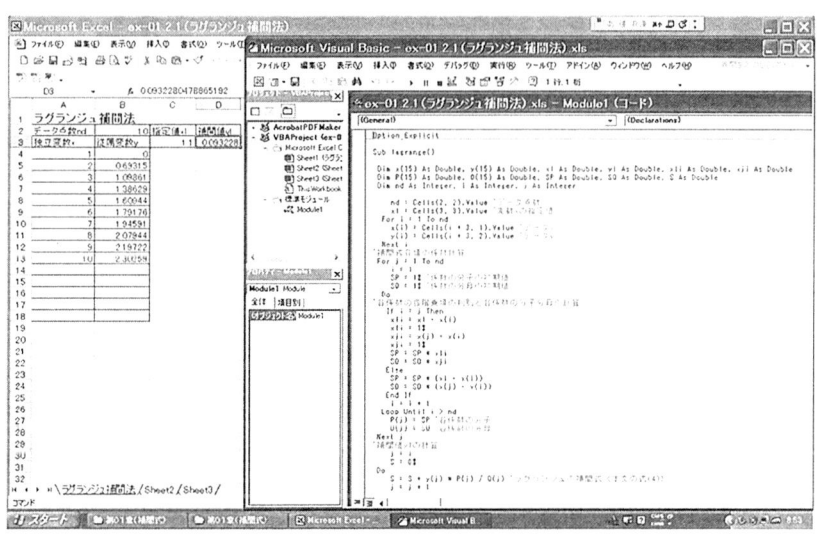

図 1.2.1　ラグランジュ補間法「ex-01.2.1」

第1章 補間式をつくる

>
>
> $\log 1.1$ の値を比較してみると，べき数 n を 10 として**テイラー級数式**から求めた値が 0.095310，**ラグランジュの補間法**による値が 0.093228，**線形補間法**による値が 0.069315 となっている。線形補間法による値の精度がラグランジュの補間法に比べて極端に悪いのは，線形補間法で用いた指定値 x を挟む区間が広すぎるからである。

問 1.2

（問 1.1）で与えられたデータにラグランジュの補間法を適用して，$x=0.43$ における y の値を求めよ。　　　　　　　　　　　答 0.764527

1.3 ニュートンの補間法

データ (x, y) が独立変数 x に対して等間隔に並んでいる場合には，前述したように，**ニュートンの補間法**が適用できる。ただし，ニュートンの補間法では隣り合う従属変数 y の値の差をとり，その差についても，また次々と差をとっていくというように，**階差表**をつくらなければならない。

変数 x が等間隔に並ぶデータ $(x_0, y_0), (x_1, y_1), \cdots, (x_n, y_n), (x_{n+1}, y_{n+1})$，…があるとき，次のような階差 $\Delta^1 y_k$ $(k=0, 1, 2, \cdots, n, \cdots)$ を**第1階差**という。

$$\Delta^1 y_0 = y_1 - y_0, \ \Delta^1 y_1 = y_2 - y_1, \cdots, \Delta^1 y_n = y_{n+1} - y_n, \cdots \quad (1)$$

さらに，第1階差について，もう一度階差をとると，

$$\Delta^2 y_0 = \Delta^1 y_1 - \Delta^1 y_0 = (y_2 - y_1) - (y_1 - y_0) = y_2 - 2y_1 + y_0$$
$$\Delta^2 y_1 = \Delta^1 y_2 - \Delta^1 y_1 = (y_3 - y_2) - (y_2 - y_1) = y_3 - 2y_2 + y_1$$
$$\cdots\cdots\cdots\cdots \quad (2)$$
$$\Delta^2 y_{n-1} = \Delta^1 y_n - \Delta^1 y_{n-1} = (y_{n+1} - y_n) - (y_n - y_{n-1}) = y_{n+1} - 2y_n + y_{n-1}$$

式(2)の $\Delta^2 y_k$ $(k=0, 1, 2, \cdots)$ を**第2階差**という。

このようにして求める階差は，1次式に対しては第1階差がすべて一定の値を

とり，2次式に対しては第2階差が，n 次多項式では第 n 階差が一定となる。このことから，データにあてはめる多項式の次数が決定できる。

データが数表としてまとまっていて，このデータに n 次の多項式 $f(x)$ をあてはめるとすれば，$f(x)$ は次式のように書くことができる。

$$y = f(x) = a_0 + a_1(x - x_0) + a_2(x - x_0)(x - x_1) + a_3(x - x_0)(x - x_1)(x - x_2) + \cdots + a_n(x - x_0)(x - x_1)(x - x_2) \cdots (x - x_{n-1}) \quad (3)$$

式(3)にデータ (x_0, y_0) を代入すると，係数 a_0 が次のように求まる。

$$f(x_0) = y_0 \text{ から，} a_0 = y_0 \quad (4)$$

また，式(3)にデータ (x_1, y_1) を代入すれば，係数 a_1 が次のように求まる。

$$f(x_1) = y_1 \text{ から，} a_1 = \frac{y_1 - a_0}{x_1 - x_0} = \frac{y_1 - y_0}{x_1 - x_0} = \frac{\Delta^1 y_0}{h} \quad (5)$$

ここで，$h = x_i - x_{i-1}$ $(i = 1, 2, \cdots, n)$ であり，h は x の**等間隔な増分**（きざみ幅）である。

データ (x_2, y_2), (x_3, y_3), $\cdots$, (x_n, y_n) を次々と式(3)に代入すれば，係数 a_2, a_3, $\cdots$, a_n が次のように求まる。

$$a_2 = \frac{y_2 - a_0 - a_1(x_2 - x_0)}{(x_2 - x_0)(x_2 - x_1)} = \frac{y_2 - 2y_1 + y_0}{2h^2} = \frac{\Delta^2 y_0}{2!h^2},$$

$$a_3 = \frac{\Delta^3 y_0}{3!h^3}, \quad \cdots, \quad a_n = \frac{\Delta^n y_0}{n!h^n} \quad (6)$$

式(4)〜式(6)を式(3)に代入すると，式(3)は階差を含む多項式として次式で表せる。

$$y = f(x) = y_0 + (x - x_0)\frac{\Delta^1 y_0}{h} + (x - x_0)(x - x_1)\frac{\Delta^2 y_0}{2!h^2}$$

$$+ (x - x_0)(x - x_1)(x - x_2)\frac{\Delta^3 y_0}{3!h^3} + \cdots$$

$$+ (x - x_0)(x - x_1)(x - x_2) \cdots (x - x_{n-1})\frac{\Delta^n y_0}{n!h^n} \quad (7)$$

ここで，$(x - x_0)/h = p$ とおく**変数変換**をすると，

$$\frac{x - x_1}{h} = \frac{(x - x_0) - (x_1 - x_0)}{h} = \frac{(x - x_0) - h}{h} = \frac{x - x_0}{h} - 1 = p - 1 \quad (8)$$

$$\frac{x-x_2}{h} = \frac{(x-x_0)-(x_2-x_1)-(x_1-x_0)}{h} = \frac{(x-x_0)-h-h}{h}$$

$$= \frac{x-x_0}{h} - 2 = p - 2 \qquad (9)$$

$$\vdots$$

したがって，式(7)は次のように変数 p の**多項式**で表せる。

$$y = f(p) = y_0 + p\triangle^1 y_0 + \frac{p(p-1)}{2!}\triangle^2 y_0 + \frac{p(p-1)(p-2)}{3!}\triangle^3 y_0$$

$$+ \frac{p(p-1)(p-2)(p-3)}{4!}\triangle^4 y_0 + \cdots$$

$$+ \frac{p(p-1)(p-2)(p-3)\cdots(p-n+1)}{n!}\triangle^n y_0 \qquad (10)$$

式(10)を**ニュートンの前進形補間式**という。

式(10)で用いられる階差 $\triangle^1 y_0$, $\triangle^2 y_0$, $\triangle^3 y_0$, $\cdots$, $\triangle^n y_0$ は，すべて**各階差の最初の項**になっている。それゆえ，ニュートンの前進形補間式(10)は，階差表をつくるときの元のデータ (x_i, y_i) のうち，最初のほうの補間を行うときに用いると精度が高い。

一方，データの最後のほうの補間を高い精度で計算したいときには，等間隔に並んだデータ (x_0, y_0), (x_1, y_1), (x_2, y_2), $\cdots$, (x_n, y_n) の階差を最後のデータから順々にとって得られる**ニュートンの後進形補間式**（章末の【数学講座】を参照）を用いればよい。また，補間すべき部分がデータ表の両端よりもむしろ中央部やその周辺にある場合は，(x_0, y_0) や (x_n, y_n) の代わりに特定の (x_k, y_k) を指定して，その点を出発点とする階差表を用いて式(10)を適用すればよい。

例題1.4

下表のデータがある。このデータを用いてニュートンの前進形補間式を求めよ。また，$x = 0.65$ における y の値を求めよ。

x	0.60	0.70	0.80	0.90	1.00	1.10	1.20	1.30
y	0.616	0.643	0.712	0.829	1.000	1.231	1.528	1.897

 解

与えられたデータの階差表をつくると,

i	x_i	y_i	$\triangle^1 y_i$	$\triangle^2 y_i$	$\triangle^3 y_i$
0	0.60	0.616			
			0.027		
1	0.70	0.643		0.042	
			0.069		0.006
2	0.80	0.712		0.048	
			0.117		0.006
3	0.90	0.829		0.054	
			0.171		0.006
4	1.00	1.000		0.060	
			0.231		0.006
5	1.10	1.231		0.066	
			0.297		0.006
6	1.20	1.528		0.072	
			0.369		
7	1.30	1.897			

階差表から明らかなように,第3階差が**0.006**という一定値をとることから,この実験データは**3次式**で表される。

$p = (x - x_0)/h = (x - 0.6)/0.1$ として,ニュートンの前進形補間式を求めると,

$$\begin{aligned} y &= 0.616 + p(0.027) + p(p-1)(0.042)/2 + p(p-1)(p-2)(0.006)/6 \\ &= 0.616 + 0.027p + 0.021p(p-1) + 0.001p(p-1)(p-2) \\ &= 0.616 + 0.008p + 0.018p^2 + 0.001p^3 \\ &= 0.616 + 0.008\left(\frac{x-0.6}{0.1}\right) + 0.018\left(\frac{x-0.6}{0.1}\right)^2 + 0.001\left(\frac{x-0.6}{0.1}\right)^3 \\ &= 1 - x + x^3 \end{aligned}$$

したがって,このデータを表す式は,$y = x^3 - x + 1$　　**答**

また,$x = 0.65$ に対する y の値は,$y = 0.624625$　　**答**

第1章 補間式をつくる

　Excelファイル「ex-01.3.1」はニュートン前進形補間法のExcelシートとVBAプログラムである（図1.3.1）。シートには［例題1.4］を例として解いた結果を示してあるが，データ点数，変数xの初期値x_0，変数xの増分h，データ(x, y)を入力し，希望する変数xの値を指定すれば，変数yの補間値が求められる。なお，Excelシートと VBAプログラムを用いて補間値を求める際には，一定値をとる階差を判別する必要はない。一定値となった階差以降の階差はすべて0となり，ニュートンの前進形補間式(10)の計算には影響されないからである。

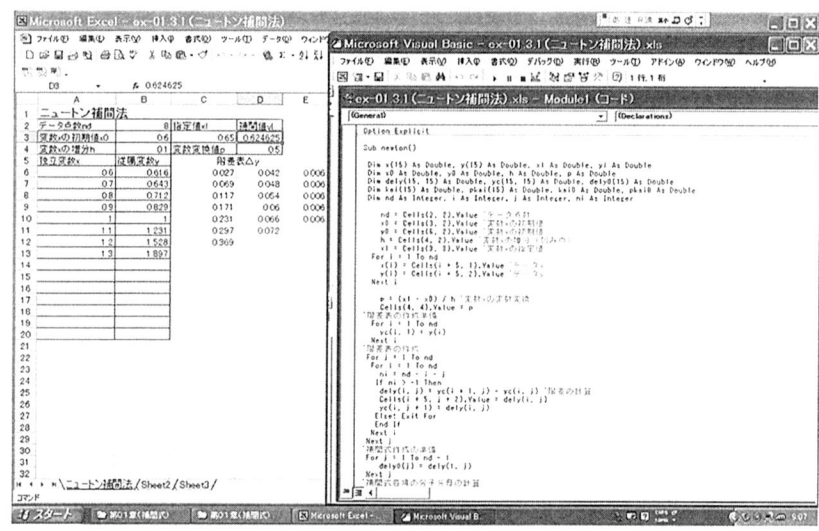

図1.3.1　ニュートン補間法「ex-01.3.1」

  問1.3

　（問1.1）で与えられたデータにニュートンの補間法を適用して，$x=0.43$におけるyの値を求めよ。　　　　　　　　　　　　　答　　0.764527

数学講座　ニュートンの後進形補間式を導く

　等間隔に並んだデータ (x_0, y_0), (x_1, y_1), (x_2, y_2), …, (x_n, y_n) の階差を**最後のデータ**から順にとる。

$$\Delta^1 y_n = y_n - y_{n-1},\ \Delta^2 y_n = \Delta^1 y_n - \Delta^1 y_{n-1} = y_n - 2y_{n-1} + y_{n-2},$$
$$\Delta^3 y_n = \Delta^2 y_n - \Delta^2 y_{n-1},\ \cdots \tag{1}$$

h を x の**等間隔な減分**とすれば，h は次のように表される。

$$h = x_i - x_{i-1} \quad (i = n,\ n-1,\ \cdots,\ 2,\ 1) \tag{2}$$

$n+1$ 個のデータにあてはめる n 次の多項式 $f(x)$ を次式で与える。

$$\begin{aligned}
y = f(x) &= a_n + a_{n-1}(x - x_n) + a_{n-2}(x - x_n)(x - x_{n-1}) \\
&\quad + a_{n-3}(x - x_n)(x - x_{n-1})(x - x_{n-2}) + \cdots \\
&\quad + a_0(x - x_n)(x - x_{n-1})(x - x_{n-2}) \cdots (x - x_2)(x - x_1)
\end{aligned} \tag{3}$$

式(3)にデータ (x_n, y_n) を代入すると，係数 a_n は次のようになる。

$$a_n = y_n \tag{4}$$

また，式(3)にデータ (x_{n-1}, y_{n-1}) を代入すると，
$f(x_{n-1}) = y_{n-1}$ より，$y_{n-1} = a_n + a_{n-1}(x_{n-1} - x_n)$ となり，係数 a_{n-1} は次のようになる。

$$a_{n-1} = \frac{y_{n-1} - a_n}{x_{n-1} - x_n} = \frac{y_{n-1} - y_n}{x_{n-1} - x_n} = \frac{-\Delta^1 y_n}{-h} = \frac{\Delta^1 y_n}{h} \tag{5}$$

さらに，式(3)にデータ (x_{n-2}, y_{n-2}) を代入すると，係数 a_{n-2} は次のようになる。

$$\begin{aligned}
a_{n-2} &= \frac{y_{n-2} - y_n - a_{n-1}(x_{n-2} - x_n)}{(x_{n-2} - x_n)(x_{n-2} - x_{n-1})} = \frac{y_{n-2} - y_n - (y_n - y_{n-1})(x_{n-2} - x_n)/h}{(-2h)(-h)} \\
&= \frac{y_{n-2} - y_n - (y_n - y_{n-1})(-2h)/h}{2h^2} \\
&= \frac{y_{n-2} - y_n + 2(y_n - y_{n-1})}{2h^2} = \frac{y_n - 2y_{n-1} + y_{n-2}}{2h^2} = \frac{\Delta^2 y_n}{2!h^2}
\end{aligned} \tag{6}$$

同様に，係数 a_{n-3}, …, a_0 は次のようになる。

第1章 補間式をつくる

$$a_{n-3} = \frac{\Delta^3 y_n}{3!h^3}, \cdots, a_0 = \frac{\Delta^n y_n}{n!h^n} \tag{7}$$

式(4)～式(7)を式(3)に代入すると，n 次の多項式(3)は次式となる。

$$y = f(x) = y_n + (x - x_n)\frac{\Delta^1 y_n}{h} + (x - x_n)(x - x_{n-1})\frac{\Delta^2 y_n}{2!h^2}$$

$$+ (x - x_n)(x - x_{n-1})(x - x_{n-2})\frac{\Delta^3 y_n}{3!h^3} + \cdots$$

$$+ (x - x_n)(x - x_{n-1})(x - x_{n-2})\cdots(x - x_2)(x - x_1)\frac{\Delta^n y_n}{n!h^n} \tag{8}$$

ここで，$(x - x_n)/h = q$ とおく**変数変換**をすると，

$$\frac{x - x_{n-1}}{h} = \frac{(x - x_n) + (x_n - x_{n-1})}{h} = \frac{(x - x_n) + h}{h} = q + 1 \tag{9}$$

$$\frac{x - x_{n-2}}{h} = \frac{(x - x_n) + (x_n - x_{n-1}) + (x_{n-1} - x_{n-2})}{h} = \frac{(x - x_n) + h + h}{h}$$

$$= q + 2 \tag{10}$$

$$\cdots\cdots\cdots\cdots\cdots\cdots\cdots$$

$$\frac{x - x_1}{h} = \frac{(x - x_n) + (x_n - x_{n-1}) + \cdots + (x_2 - x_1)}{h}$$

$$= \frac{(x - x_n) + (n-1)h}{h} = q + (n-1) \tag{11}$$

式(9)～式(11)を式(8)に代入すると，

$$y = f(q) = y_n + q\Delta^1 y_n + \frac{q(q+1)}{2!}\Delta^2 y_n + \frac{q(q+1)(q+2)}{3!}\Delta^3 y_n$$

$$+ \frac{q(q+1)(q+2)(q+3)}{4!}\Delta^4 y_n + \cdots$$

$$+ \frac{q(q+1)(q+2)\cdots(q+n-1)}{n!}\Delta^n y_n \tag{12}$$

式(12)がニュートンの後進形補間式である。

第2章
多元連立1次方程式を解く

『メタノールとエタノールとプロパノール濃度がすでに分かっている4成分系の水溶液がある。この水溶液を目標の濃度に変えたい。そこで，濃度の決まっているメタノール水溶液，エタノール水溶液，プロパノール水溶液を元の溶液に混ぜることにしたいが，それぞれの2成分系水溶液をどのような割合で混ぜればよいか』——それには，物質収支式（連立1次方程式）をたてて解けばよい。

物質収支式を解く場合のみならず，第3章で述べる相関式の係数を決める場合においても，さらにまた，第10章で述べる偏微分方程式を解く場合にも，**多元連立1次方程式**（**正規方程式**という）を解かなくてはならない。

未知数（**元数**）が2個や3個ならば，その連立方程式は加減法や代入法などを用いて簡単にしかも正確に解くことができる。しかし，元数が多くなると，計算方法はかなり複雑になり計算回数も膨大になってくる。

2.1　クラメル法

未知の n 個の変数 $x_1, x_2, \cdots, x_n$ を含む次の n 元連立1次方程式がある。

$$a_{11}x_1 + a_{12}x_2 + a_{13}x_3 + \cdots + a_{1n}x_n = b_1$$
$$a_{21}x_1 + a_{22}x_2 + a_{23}x_3 + \cdots + a_{2n}x_n = b_2$$
$$a_{31}x_1 + a_{32}x_2 + a_{33}x_3 + \cdots + a_{3n}x_n = b_3$$
$$\cdots\cdots\cdots\cdots \qquad\qquad\qquad (1)$$
$$a_{r1}x_1 + a_{r2}x_2 + a_{r3}x_3 + \cdots + a_{rn}x_n = b_r$$
$$\cdots\cdots\cdots\cdots$$
$$a_{n1}x_1 + a_{n2}x_2 + a_{n3}x_3 + \cdots + a_{nn}x_n = b_n$$

この連立1次方程式の正確な解（厳密解）は，**クラメル（Cramer）の公式**によって，次のように求められる（詳細は線形代数学の書に譲る）。

$$x_1 = \triangle_1/|\boldsymbol{A}|,\ x_2 = \triangle_2/|\boldsymbol{A}|,\ x_3 = \triangle_3/|\boldsymbol{A}|,\ \cdots,$$
$$x_r = \triangle_r/|\boldsymbol{A}|,\ \cdots,\ x_n = \triangle_n/|\boldsymbol{A}| \tag{2}$$

ただし，$|\boldsymbol{A}|$ は連立1次方程式の係数のみからつくられる**係数行列 $\boldsymbol{A}$** の行列式（連立方程式の**基本行列式**という）である。

$$|\boldsymbol{A}| = \begin{vmatrix} a_{11} & a_{12} & a_{13} & \cdots & \cdots & a_{1n} \\ a_{21} & a_{22} & a_{23} & \cdots & \cdots & a_{2n} \\ \cdot\cdot & \cdot\cdot & \cdot\cdot & \cdots & \cdots & \cdot\cdot \\ a_{r1} & a_{r2} & a_{r3} & \cdots & \cdots & a_{rn} \\ \cdot\cdot & \cdot\cdot & \cdot\cdot & \cdots & \cdots & \cdot\cdot \\ a_{n1} & a_{n2} & a_{n3} & \cdots & \cdots & a_{nn} \end{vmatrix} \tag{3}$$

また，$\triangle_1,\ \triangle_2,\ \cdots,\ \triangle_r,\ \cdots,\ \triangle_n$ は，それぞれ基本行列式の 1, 2, $\cdots$, r, $\cdots$, n 列を定数項（**定数ベクトル**という）で置きかえてつくられた行列式（連立方程式の**余行列式**という）である。

$$\triangle_1 = \begin{vmatrix} b_1 & a_{12} & a_{13} & \cdots & \cdots & a_{1n} \\ b_2 & a_{22} & a_{23} & \cdots & \cdots & a_{2n} \\ \cdot\cdot & \cdot\cdot & \cdot\cdot & \cdots & \cdots & \cdot\cdot \\ b_r & a_{r2} & a_{r3} & \cdots & \cdots & a_{rn} \\ \cdot\cdot & \cdot\cdot & \cdot\cdot & \cdots & \cdots & \cdot\cdot \\ b_n & a_{n2} & a_{n3} & \cdots & \cdots & a_{nn} \end{vmatrix} \tag{4}$$

$$\cdots\cdots\cdots$$

$$\triangle_r = \begin{vmatrix} a_{11} & a_{12} & \cdots & a_{1,r-1} & b_1 & a_{1,r+1} & \cdots & a_{1n} \\ a_{21} & a_{22} & \cdots & a_{2,r-1} & b_2 & a_{2,r+1} & \cdots & a_{2n} \\ \cdot\cdot & \cdot\cdot & \cdots & \cdot\cdot & \cdot\cdot & \cdot\cdot & \cdots & \cdot\cdot \\ \cdot\cdot & \cdot\cdot & \cdots & \cdot\cdot & \cdot\cdot & \cdot\cdot & \cdots & \cdot\cdot \\ a_{r1} & a_{r2} & \cdots & a_{r,r-1} & b_r & a_{r,r+1} & \cdots & a_{rn} \\ \cdot\cdot & \cdot\cdot & \cdots & \cdot\cdot & \cdot\cdot & \cdot\cdot & \cdots & \cdot\cdot \\ \cdot\cdot & \cdot\cdot & \cdots & \cdot\cdot & \cdot\cdot & \cdot\cdot & \cdots & \cdot\cdot \\ a_{n1} & a_{n2} & \cdots & a_{n,r-1} & b_n & a_{n,r+1} & \cdots & a_{nn} \end{vmatrix} \tag{5}$$

$$\cdots\cdots\cdots$$

$$\triangle_n = \begin{vmatrix} a_{11} & a_{12} & \cdots & \cdots & a_{1,n-1} & b_1 \\ a_{21} & a_{22} & \cdots & \cdots & a_{2,n-1} & b_2 \\ \cdot\cdot & \cdot\cdot & \cdot\cdot & \cdot\cdot & \cdot\cdot & \cdot\cdot \\ a_{r1} & a_{r2} & \cdots & \cdots & a_{r,n-1} & b_r \\ \cdot\cdot & \cdot\cdot & \cdot\cdot & \cdot\cdot & \cdot\cdot & \cdot\cdot \\ a_{n1} & a_{n2} & \cdots & \cdots & a_{n,n-1} & b_n \end{vmatrix} \tag{6}$$

式(3)～(6)の行列式の値が分かれば，式(2)より連立1次方程式(1)の解が得られる。しかし，4次以上の行列式の値を求めるには，**行列式の展開公式**を用いて3次以下の行列式まで展開しなければならない。

たとえば，n 次の基本行列式 $|\boldsymbol{A}|$ の (s, r) 成分の**小行列式**を $\boldsymbol{D}_{sr}$ とおくと，行列式 $|\boldsymbol{A}|$ の第 s 行，第 r 列に関する**展開**はそれぞれ次式で表される。

$$|\boldsymbol{A}| = (-1)^{s+1} a_{s1} \boldsymbol{D}_{s1} + (-1)^{s+2} a_{s2} \boldsymbol{D}_{s2} + \cdots + (-1)^{s+r} a_{sr} \boldsymbol{D}_{sr} + \cdots \\ + (-1)^{s+n} a_{sn} \boldsymbol{D}_{sn} \tag{7}$$

$$|\boldsymbol{A}| = (-1)^{1+r} a_{1r} \boldsymbol{D}_{1r} + (-1)^{2+r} a_{2r} \boldsymbol{D}_{2r} + \cdots + (-1)^{s+r} a_{sr} \boldsymbol{D}_{sr} + \cdots \\ + (-1)^{n+r} a_{nr} \boldsymbol{D}_{nr} \tag{8}$$

式(7)あるいは式(8)の展開を次々と行って，行列式を3次まで展開したとすると，3次の行列式の値は次の**サラス（Sarrus）の方法**によって求められる。

$$\begin{vmatrix} a_{11} & a_{12} & a_{13} \\ a_{21} & a_{22} & a_{23} \\ a_{31} & a_{32} & a_{33} \end{vmatrix} = a_{11}a_{22}a_{33} + a_{12}a_{23}a_{31} + a_{13}a_{21}a_{32} - a_{11}a_{23}a_{32} - a_{12}a_{21}a_{33} - a_{13}a_{22}a_{31} \tag{9}$$

また，2次まで展開したとすると，2次の行列式の値は次式で求められる。

$$\begin{vmatrix} a_{11} & a_{12} \\ a_{21} & a_{22} \end{vmatrix} = a_{11}a_{22} - a_{12}a_{21} \tag{10}$$

例題 2.1

次の2元連立1次方程式をクラメル法で解け。

$$3x_1 + 7x_2 = 41$$
$$2x_1 - 5x_2 = -21$$

 **解**

式(10)と式(2)を適用すると，

$$|A| = \begin{vmatrix} 3 & 7 \\ 2 & -5 \end{vmatrix} = (3)(-5)-(7)(2) = -29$$

$$\Delta_1 = \begin{vmatrix} 41 & 7 \\ -21 & -5 \end{vmatrix} = (41)(-5)-(7)(-21) = -58$$

$$\Delta_2 = \begin{vmatrix} 3 & 41 \\ 2 & -21 \end{vmatrix} = (3)(-21)-(41)(2) = -145$$

したがって，$x_1=(-58)/(-29)=2$, $x_2=(-145)/(-29)=5$　　**答**

 例題 2.2

次の4元連立1次方程式をクラメル法で解け。

$4.89\,x_1 - 3.99\,x_2 - 4.02\,x_3 + 0.99\,x_4 = 2.97$

$1.95\,x_1 + 5.99\,x_2 + 1.02\,x_3 - 2.98\,x_4 = -1.99$

$4.02\,x_1 + 1.11\,x_2 - 7.95\,x_3 + 5.20\,x_4 = -11.89$

$-0.99\,x_1 + 2.08\,x_2 + 1.98\,x_3 + 4.88\,x_4 = 5.88$

 解

Excelファイル「ex-02.1.1」を開いてみよ。

➡ナビ

　Excelファイル「ex-02.1.1」は，クラメル法のExcelシートとVBAプログラム（ただし，2〜4元連立1次方程式）である（**図2.1.1**）。冗長で幼稚なプログラムであるが，このプログラムからクラメル法の詳しい計算手順が理解できると思う。

　Excelに付属している［ソルバー］を用いると，連立方程式の解は容易に求まる。Excelシート「ex-02.1.2」は，［ソルバー］を用いて［例題

2.1 クラメル法

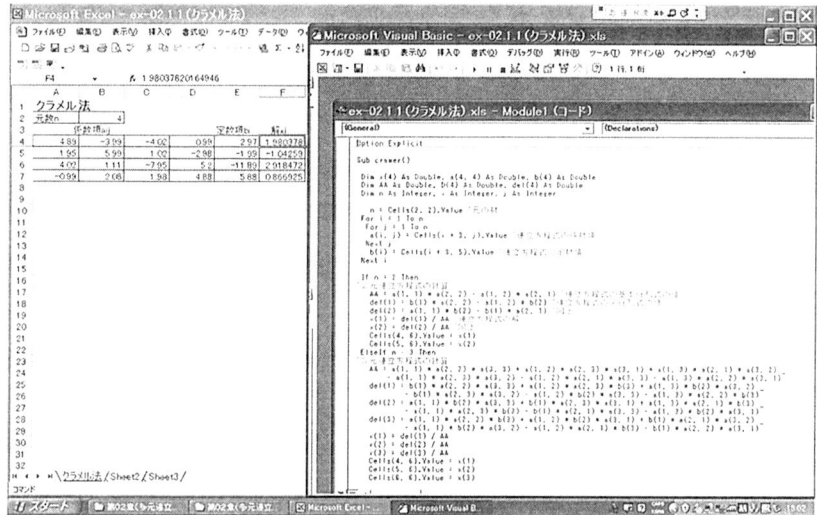

図2.1.1 クラメル法「ex-02.1.1」

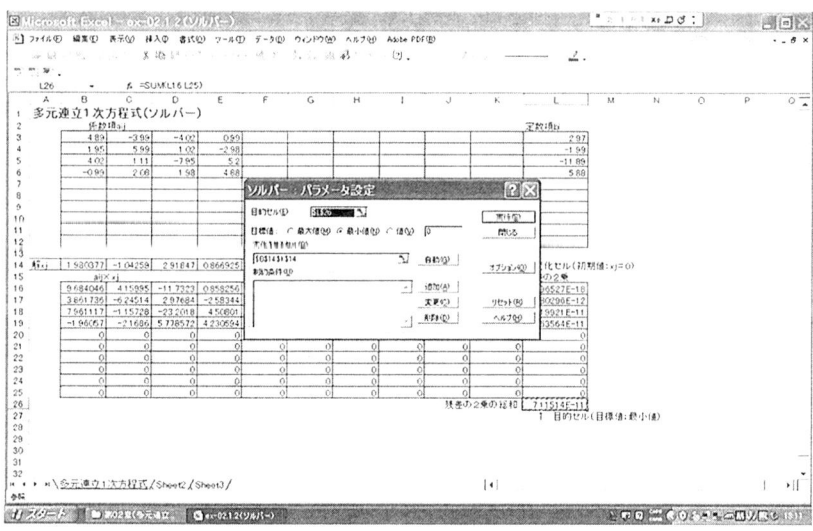

図2.1.2 多元連立1次方程式「ex-02.1.2」

19

2.2]を解いた結果である(図2.1.2)。

多元連立1次方程式をたてて解くだけならば,[ソルバー]を用いれば事足りる。しかしながら,連立方程式の解を反復使用する偏微分方程式を解くような場合には,多元連立1次方程式の解法プログラムを[サブプログラム]として,メインのプログラムに組み込まなければならない。

問 2.1

次の3元連立1次方程式をクラメル法で解け。

$8x_1 - 3x_2 + 2x_3 = -7$
$2x_1 + 6x_2 - 3x_3 = -2$
$5x_1 + 3x_2 + 3x_3 = 4$

 $x_1 = -1$, $x_2 = 1$, $x_3 = 2$

問 2.2

(問2.1)で与えられた3元連立1次方程式をExcel付属の[ソルバー]を用いて解け。   答 $x_1 = -1$, $x_2 = 1$, $x_3 = 2$

クリック

元数が5以上になると,クラメル法は実用的ではない。というのは,行列式の値を求めるために非常に多くの計算回数を必要とし,誤差が累積してくるからである。

式(10)から明らかなように,2次の行列式では基本行列式の値を求めるために2つの数のかけ算を2回行えばよいが,3次の行列式になると,その計算は,3!×2回,4次では4!×3回,n次の行列式では$n!(n-1)$回のかけ算を必要とする。したがって,n元連立1次方程式のn個の解を求めるには,$(n+1)n!(n-1)+n$回すなわち$(n+1)!(n-1)+n$回のかけ算とわり算を必要とする。たとえば,5元連立1次方程式では6!×4+5

$=2885$ 回，**10元**では $11!\times 9+10=359251210$ 回のかけ算とわり算が必要である．一連の計算において，かけ算とわり算の回数が極端に多いと，四捨五入による誤差が累積してくる．

2.2 ガウスの消去法

次のような，未知の変数を n 個含む n 元連立1次方程式がある．

$$a_{11}x_1+a_{12}x_2+\cdots+a_{1n}x_n=b_1$$
$$a_{21}x_1+a_{22}x_2+\cdots+a_{2n}x_n=b_2$$
$$\cdots\cdots\cdots\cdots$$
$$a_{n1}x_1+a_{n2}x_2+\cdots+a_{nn}x_n=b_n$$

(1)

ガウス（Gauss）の消去法（ガウス法）とは"式(1)の2番目以降の式から次々と未知数を1個ずつ消去して，最後の式が1元1次方程式になるようにし，最後の式から順次 $x_n, x_{n-1}, \cdots, x_2, x_1$ を求める"というありふれた方法である．したがって，ガウス法のポイントは式(1)から次式をつくることにある．

$$a_{11}x_1+a_{12}x_2+a_{13}x_3+\cdots\cdots+a_{1n}x_n=b_1$$
$$a_{22}'x_2+a_{23}'x_3+\cdots\cdots+a_{2n}'x_n=b_2'$$
$$a_{33}'x_3+\cdots\cdots+a_{3n}'x_n=b_3'$$
$$\cdots\cdots$$
$$a_{n-1,n-1}'x_{n-1}+a_{n-1,n}'x_n=b_{n-1}'$$
$$a_{nn}'x_n=b_n'$$

(2)

このように，最初の n 元連立1次方程式から繰り返し処理を行って，未知数を1個ずつ消去していくことを**前進消去法**といい，解を逆に下から上に求めていくことを**後退代入法**という．

式(1)の2番目の式から x_1 を消去するには，最初の式の $-a_{21}/a_{11}$ 倍を2番目の式に加えればよい．その結果，次式が得られる．

$$\left(a_{21}-\frac{a_{21}}{a_{11}}a_{11}\right)x_1+\left(a_{22}-\frac{a_{21}}{a_{11}}a_{12}\right)x_2+\cdots+\left(a_{2n}-\frac{a_{21}}{a_{11}}a_{1n}\right)x_n=b_2-\frac{a_{21}}{a_{11}}b_1$$

これによって2番目の式から x_1 の項が消去されるが，これと同様に式(1)の

3番目以降のすべての式から x_1 を消去すると，式(1)は次式のようになる．

$$a_{11}x_1+a_{12}x_2+\cdots+a_{1n}x_n=b_1$$
$$a_{22}'x_2+\cdots+a_{2n}'x_n=b_2'$$
$$a_{32}'x_2+\cdots+a_{3n}'x_n=b_3' \tag{3}$$
$$\cdots\cdots$$
$$a_{n2}'x_2+\cdots+a_{nn}'x_n=b_n'$$

ここで，

$$a_{ij}'=a_{ij}-\frac{a_{i1}}{a_{11}}a_{1j}$$

$$b_i'=b_i-\frac{a_{i1}}{a_{11}}b_1$$

ただし，$i=2, 3, \cdots, n$，$j=2, 3, \cdots, n$ である．

このような操作を繰り返すことを**掃き出し操作**と呼んでいるが，掃き出し操作によって次々と未知数を消去していくとき，消去すべき未知数を x_k として，新しく計算された各係数を a_{ij}'，b_i' とすると，それらの値は次のようになる．

$$a_{ij}'=a_{ij}-\frac{a_{ik}}{a_{kk}}a_{kj},\quad b_i'=b_i-\frac{a_{ik}}{a_{kk}}b_k \tag{4}$$

ここで，$k=1, 2, \cdots, n-1$，$i=k+1, \cdots, n$，$j=k+1, \cdots, n$ である．

なお，式(2)～式(4)で用いるべき ′（ダッシュ）の付いた各係数は，未知数 x_k を消去する過程で次々と新しく計算される係数に置きかえなければならない．すなわち，′（ダッシュ）の付いた係数は式(2)で行ったような x の項の消去を繰り返すたびに新しい値になっていくわけである．

この前進消去法によって得られた後の x の値を用いて，その前の x の値を求めるには，次の後退代入式によればよい．

$$x_k=\frac{1}{a_{kk}'}\{b_k'-(a_{k,k+1}'x_{k+1}+a_{k,k+2}'x_{k+2}+\cdots+a_{k,n}'x_n)\} \tag{5}$$

以上，ガウス法による n 元連立1次方程式の解法を一般化して説明したが，理解を深めるために，次の3元連立1次方程式に適用してみよう．

$$a_{11}x_1+a_{12}x_2+a_{13}x_3=b_1 \tag{6}$$
$$a_{21}x_1+a_{22}x_2+a_{23}x_3=b_2 \tag{7}$$

$$a_{31}x_1 + a_{32}x_2 + a_{33}x_3 = b_3 \tag{8}$$

式(6)に$-a_{21}/a_{11}$をかけて式(7)に加え，また同様に，式(6)に$-a_{31}/a_{11}$をかけて式(8)に加えると，式(7)と式(8)のx_1を含む項が消去されて次式が得られる。

$$\left(a_{22} - \frac{a_{21}}{a_{11}}a_{12}\right)x_2 + \left(a_{23} - \frac{a_{21}}{a_{11}}a_{13}\right)x_3 = \left(b_2 - \frac{a_{21}}{a_{11}}b_1\right) \tag{9}$$

$$\left(a_{32} - \frac{a_{31}}{a_{11}}a_{12}\right)x_2 + \left(a_{33} - \frac{a_{31}}{a_{11}}a_{13}\right)x_3 = \left(b_3 - \frac{a_{31}}{a_{11}}b_1\right) \tag{10}$$

式(9)と式(10)をそれぞれ次式のように書きかえる。

$$a_{22}'x_2 + a_{23}'x_3 = b_2' \tag{11}$$
$$a_{32}'x_2 + a_{33}'x_3 = b_3' \tag{12}$$

ついで，式(11)に$-a_{32}'/a_{22}'$をかけて式(12)に加えると次式が得られる。

$$\left(a_{33}' - \frac{a_{32}'}{a_{22}'}a_{23}'\right)x_3 = \left(b_3' - \frac{a_{32}'}{a_{22}'}b_2'\right) \tag{13}$$

式(13)を次式のように書きかえる。

$$a_{33}''x_3 = b_3'' \tag{14}$$

このようにして，最初の3元連立1次方程式は次のように変換される。

$$a_{11}x_1 + a_{12}x_2 + a_{13}x_3 = b_1 \tag{6}$$
$$a_{22}'x_2 + a_{23}'x_3 = b_2' \tag{11}$$
$$a_{33}''x_3 = b_3'' \tag{14}$$

したがって，未知数x_3, x_2, x_1の値は後退代入法より次のようになる。

$$x_3 = b_3''/a_{33}'', \quad x_2 = (b_2' - a_{23}'x_3)/a_{22}', \quad x_1 = (b_1 - a_{12}x_2 - a_{13}x_3)/a_{11}$$

式(6)，(7)，(8)からなる3元連立方程式と，式(6)，(11)，(14)からなる3元連立方程式を**拡大係数行列**（連立1次方程式の係数行列と定数ベクトルを並べた行列）で表すと，次のようになる。

$$\begin{pmatrix} a_{11} & a_{12} & a_{13} & b_1 \\ a_{21} & a_{22} & a_{23} & b_2 \\ a_{31} & a_{32} & a_{33} & b_3 \end{pmatrix} \longrightarrow \begin{pmatrix} a_{11} & a_{12} & a_{13} & b_1 \\ 0 & a_{22}' & a_{23}' & b_2' \\ 0 & 0 & a_{33}'' & b_3'' \end{pmatrix}$$

ガウス法は行列の変形の1つである。すなわち，連立1次方程式の拡大係数行列（上の行列の左側）に**行基本変形**（①1つの行に0でない数をかける。②1つの行にある数をかけたものを他の行に加える。③2つの行を入れ換える。）をほ

どこして，係数行列を**上三角行列**（係数行列の対角成分より下の部分にある成分がすべて0となる行列）に変形し，上三角行列（上の行列の右側）を連立1次方程式に戻せば解が求まる。

例題 2.3

次の3元連立1次方程式の拡大係数行列に，行基本変形をほどこして上三角行列をつくり，与えられた連立方程式の解を求めよ。

$x_1 - x_2 + x_3 = 0$
$2x_1 + 3x_2 - 5x_3 = 3$
$3x_1 - 6x_2 + 2x_3 = -7$

解

拡大係数行列をつくり，行基本変形をほどこすと，

$$\begin{pmatrix} 1 & -1 & 1 & 0 \\ 2 & 3 & -5 & 3 \\ 3 & -6 & 2 & -7 \end{pmatrix} \rightarrow \begin{pmatrix} 1 & -1 & 1 & 0 \\ 0 & 5 & -7 & 3 \\ 0 & -3 & -1 & -7 \end{pmatrix} \rightarrow \begin{pmatrix} 1 & -1 & 1 & 0 \\ 0 & 5 & -7 & 3 \\ 0 & 0 & -26 & -26 \end{pmatrix}$$

よって，$x_1 - x_2 + x_3 = 0$，$5x_2 - 7x_3 = 3$，$-26x_3 = -26$
ゆえに，$x_3 = 1$，$x_2 = 2$，$x_1 = 1$　　　**答**

例題 2.4

次の6元連立1次方程式をガウス法で解け。

$10.472x_1 + 0.506x_2 \quad\quad -3.935x_4 - 0.521x_5 \quad\quad = 9.345$
$0.506x_1 + 11.016x_2 + 5.000x_3 - 0.521x_4 - 1.046x_5 + 3.750x_6 = 12.032$
$5.000x_2 + 26.000x_3 \quad\quad\quad\quad -1.050x_6 = 19.153$
$-3.935x_1 - 0.521x_2 \quad\quad +6.322x_4 + 0.536x_5 + 0.355x_6 = 2.010$
$-0.521x_1 - 1.046x_2 \quad\quad +0.536x_4 + 2.736x_5 \quad\quad = -3.256$
$3.750x_2 - 1.050x_3 + 0.355x_4 \quad\quad +3.881x_6 = 5.428$

 **解**

Excel ファイル「ex-02.2.1」を開いてみよ。

Excel ファイル「ex-02.2.1」はガウス法の Excel シートと VBA プログラム（ただし，元数は 10 元まで）である（図 2.2.1）。未知数の数（元数）と各方程式の係数ならびに定数を Excel シートに入力し，マクロを実行すれば解が求まる。

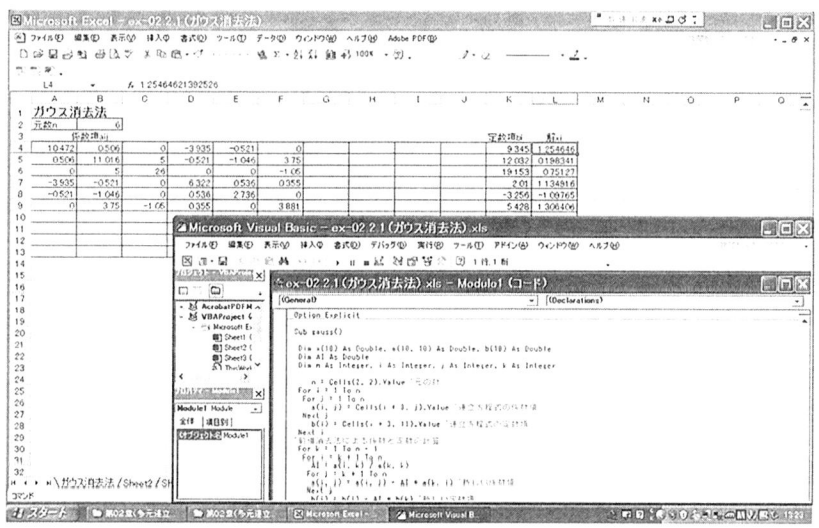

図 2.2.1　ガウス消去法「ex-02.2.1」

 問 2.3

（問 2.1）で与えられた 3 元連立 1 次方程式をガウス法で解け。

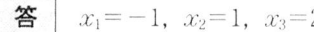　$x_1 = -1$, $x_2 = 1$, $x_3 = 2$

第2章 多元連立1次方程式を解く

クリック

上三角行列に変形する操作と解を求める操作から，ガウス法における計算回数を調べてみよう．3元連立1次方程式の場合には，上三角行列に変形するために，かけ算として $(3-1) \times 3 + (2-1) \times 2 = 8$ 回，わり算として $(3-1) + (2-1) = 3$ 回，また解を求める操作のために，かけ算として $(3-1) + (2-1) = 3$ 回，わり算として $1+1+1=3$ 回，さらに，足し算と引き算の回数は $(3-1) \times 3 + (2-1) \times 2$ および $(3-1) + (2-1)$ の計11回である．

一般に，n 元連立1次方程式を解く場合の計算回数は次のとおりである．

① 上三角行列に変形する操作のための計算回数

$$\text{かけ算}：n(n-1)+(n-1)(n-2)+\cdots+(2)(1)=\frac{1}{3}n(n^2-1)$$

$$\text{わり算}：(n-1)+(n-2)+\cdots+1=\frac{1}{2}n(n-1)$$

② 解を求める操作のための計算回数

$$\text{かけ算}：(n-1)+(n-2)+\cdots+1=\frac{1}{2}n(n-1)$$

$$\text{わり算}：1+1+1+\cdots+1=n$$

したがって，かけ算とわり算の計算回数の合計は次のようになる．

$$\frac{1}{3}n(n^2+3n-1)=\frac{1}{3}(n-1)n(n+1)+n^2$$

③ 操作の途中の足し算と引き算のための計算回数

$$\text{足し算引き算の合計}：\frac{1}{3}n(n^2-1)+\frac{1}{2}n(n-1)$$

$$=\frac{1}{6}n(n-1)(2n+5)$$

たとえば，10元連立1次方程式では，$(1/3) \times 9 \times 10 \times 11 + 10^2 = 430$ 回のかけ算とわり算，$(1/6) \times 9 \times 10 \times 25 = 375$ 回の足し算と引き算を必要と

> する。ガウス法においてもかなりの計算回数が必要となるが，クラメル法に比べると計算回数は格段に少ない。

2.3 ガウス・ジョルダンの消去法

　ガウス・ジョルダン（Gauss-Jordan）の消去法（ガウス・ジョルダン法）とは"拡大係数行列に行基本変形をほどこして，係数行列の対角成分（**対角要素**ともいう）以外の成分がすべて0となるように変形し，その変形した行列から連立1次方程式の解を直接求める"という方法である。

　第2.2節の式(1)に示したn元連立1次方程式を拡大係数行列で表すと，次のようになる。

$$\begin{pmatrix} a_{11} & a_{12} & \cdots & \cdots & \cdots & a_{1n} & b_1 \\ a_{21} & a_{22} & \cdots & \cdots & \cdots & a_{2n} & b_2 \\ & & \cdots & \cdots & \cdots & & \\ a_{n1} & a_{n2} & \cdots & \cdots & \cdots & a_{nn} & b_n \end{pmatrix} \tag{1}$$

　ガウス・ジョルダン法のポイントは，拡大係数行列(1)を変形して次のような行列をつくるところにある。

$$\begin{pmatrix} a_{11}' & 0 & \cdots & \cdots & \cdots & 0 & b_1' \\ 0 & a_{22}' & 0 & \cdots & \cdots & 0 & b_2' \\ & & \cdots & \cdots & \cdots & & \\ 0 & 0 & 0 & \cdots & a_{n-1,n-1}' & 0 & b_{n-1}' \\ 0 & 0 & 0 & \cdots & \cdots & a_{nn}' & b_n' \end{pmatrix} \tag{2}$$

　したがって，解は行列(2)から次のように求められる（詳細は線形代数学の書に譲る）。

$$x_1 = \frac{b_1'}{a_{11}'}, \quad x_2 = \frac{b_2'}{a_{22}'}, \quad \cdots, \quad x_n = \frac{b_n'}{a_{nn}'} \tag{3}$$

　行列(1)を行列(2)のように変形して対角成分のみを残すためには，次のようにすればよい。

　新しく計算される第k行の成分をそれぞれa_{kj}'およびb_k'とすると，それらは

一般的に次式で表すことができる。

$$a_{kj}' = a_{ii} \times a_{kj} - a_{ki} \times a_{ij}, \quad b_k' = a_{ii} \times b_k - a_{ki} \times b_i \tag{4}$$

ここで，i 行以外の行（これを第 k 行とする）の第 j 列の成分を消去するためには，式(4)において，k を $1, 2, \cdots, i-1, i+1, \cdots, n$ について，また j について $1, 2, \cdots, n$ まで計算する。これを i について 1 から n まで繰り返して行うことによって消去は完了する。

たとえば，第 1 行（$i=1$）を除く第 j 列の成分は次のようになる。

$$a_{kj}' = a_{11} \times a_{kj} - a_{k1} \times a_{ij}, \quad b_k' = a_{11} \times b_k - a_{k1} \times b_i$$

また，第 2 行（$k=2$）の第 1 列の成分は次のようになる。

$$a_{21}' = a_{11} \times a_{21} - a_{21} \times a_{11}, \quad b_2' = a_{11} \times b_2 - a_{21} \times b_i$$

このようにして，拡大係数行列の中で成分が対角成分 a_{ii}' のみとなるように計算を繰り返せばよい。なお，ガウス・ジョルダン法で注意すべき点は，対角成分が 0 となる場合である。これを避けるには，方程式の入れ換え（すなわち，行の入れ換え）を行わなければならない。

例題 2.5

次の 3 元連立 1 次方程式の拡大係数行列をつくり，行基本変形をほどこして対角成分以外の成分が 0 となるように変形し，与えられた連立方程式の解を求めよ。

$$2x_1 + x_2 - x_3 = 1$$
$$x_1 - 2x_2 + x_3 = 6$$
$$x_1 + x_2 - 2x_3 = -3$$

解

拡大係数行列をつくり，行基本変形を順次ほどこすと，

$$\begin{pmatrix} 2 & 1 & -1 & 1 \\ 1 & -2 & 1 & 6 \\ 1 & 1 & -2 & -3 \end{pmatrix} \to \begin{pmatrix} 2 & 1 & -1 & 1 \\ 0 & -5 & 3 & 11 \\ 0 & 1 & -3 & -7 \end{pmatrix} \to \begin{pmatrix} -10 & 0 & 2 & -16 \\ 0 & -5 & 3 & 11 \\ 0 & 0 & 12 & 24 \end{pmatrix} \to$$

2.3 ガウス・ジョルダンの消去法

$$\begin{pmatrix} -60 & 0 & 12 & -96 \\ 0 & -20 & 12 & 44 \\ 0 & 0 & 12 & 24 \end{pmatrix} \rightarrow \begin{pmatrix} 60 & 0 & 0 & 120 \\ 0 & 20 & 0 & -20 \\ 0 & 0 & 12 & 24 \end{pmatrix} \Rightarrow \Rightarrow \begin{pmatrix} 1 & 0 & 0 & 2 \\ 0 & 1 & 0 & -1 \\ 0 & 0 & 1 & 2 \end{pmatrix}$$

したがって，$x_1=2$, $x_2=-1$, $x_3=2$　　答

例題 2.6

［例題2.4］で与えられた6元連立1次方程式をガウス・ジョルダン法で解け。

解

Excel ファイル「ex-02.3.1」を開いてみよ。

ナビ

Excel ファイル「ex-02.3.1」は，ガウス・ジョルダン法の Excel シートと VBA プログラム（ただし，元数は10元まで）である（図2.3.1）。

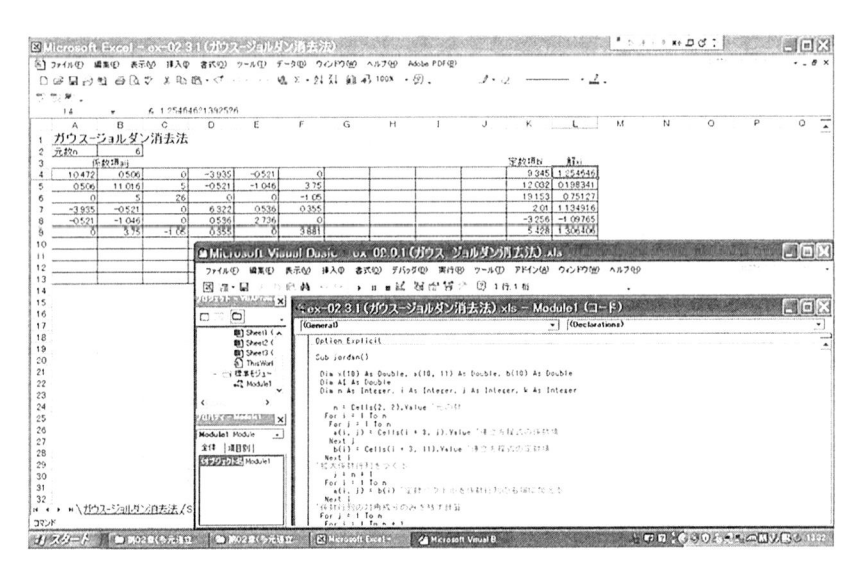

図 2.3.1　ガウス・ジョルダン消去法「ex-02.3.1」

ガウス・ジョルダン法はガウス法と同様に，拡大係数行列に行基本変形をほどこして厳密解を求める消去法であることに変わりがない。したがって，「ex-02.2.1」と比べてみれば分かるように，両法の結果は同じになる。

問 2.4

（問 2.1）で与えられた 3 元連立 1 次方程式をガウス・ジョルダン法で解け。

答 $x_1 = -1, \ x_2 = 1, \ x_3 = 2$

2.4 ヤコビの反復法

n 元連立 1 次方程式の**近似解**を求めるには，まず n 個の初期値を選び，これを与えられた連立 1 次方程式に代入して次々と新しい近似値（近似解）を求め直していけばよい。

n 元連立 1 次方程式が第 2.2 節の式(1)のように表されるとして，この連立 1 次方程式の係数行列の対角成分 $a_{11}, a_{22}, \cdots, a_{nn}$ がすべて **0 でない**とすると，連立 1 次方程式は次のように変形できる。

$$
\begin{aligned}
x_1 &= \frac{1}{a_{11}} (b_1 - a_{12} x_2 - a_{13} x_3 - \cdots - a_{1n} x_n) \\
x_2 &= \frac{1}{a_{22}} (b_2 - a_{21} x_1 - a_{23} x_3 - \cdots - a_{2n} x_n) \\
&\quad \cdots\cdots\cdots \\
x_n &= \frac{1}{a_{nn}} (b_n - a_{n1} x_1 - a_{n2} x_2 - \cdots - a_{n,n-1} x_{n-1})
\end{aligned}
\quad (1)
$$

式(1)の $x_1, x_2, \cdots, x_n$ に対する近似値として $(x_1^0, x_2^0, \cdots, x_n^0)$ を選び，これを式(1)の右辺に代入すると，新しい近似値 $(x_1^1, x_2^1, \cdots, x_n^1)$ は次のようになる。

$$x_1^1 = \frac{1}{a_{11}}(b_1 - a_{12}x_2^0 - a_{13}x_3^0 - \cdots - a_{1n}x_n^0)$$

$$x_2^1 = \frac{1}{a_{22}}(b_2 - a_{21}x_1^0 - a_{23}x_3^0 - \cdots - a_{2n}x_n^0) \qquad (2)$$

....

$$x_n^1 = \frac{1}{a_{nn}}(b_n - a_{n1}x_1^0 - a_{n2}x_2^0 - \cdots - a_{n,n-1}x_{n-1}^0)$$

式(2)で求まった $(x_1^1, x_2^1, \cdots, x_n^1)$ を再び式(1)に代入し，同様の計算を単純に繰り返していくと，k 回目の i 番目の近似値 x_i^k を求める式は次のようになる。

$$x_i^k = \frac{1}{a_{ii}}(b_i - a_{i1}x_1^{k-1} - a_{i2}x_2^{k-1} - \cdots - a_{i,i-1}x_{i-1}^{k-1} - a_{i,i+1}x_{i+1}^{k-1} - \cdots - a_{in}x_n^{k-1})$$

$$(3)$$

このような単純な繰り返しによる解法を**ヤコビ（Jacobi）の反復法**（ヤコビ法）という。ただし，次の第2.5節で述べるガウス・ザイデル（Gauss–Seidel）の反復法も含め，反復法では解が収束するとは限らないため，$|x_i^k - x_i^{k-1}| < E$ なる**収束条件**（E は**許容誤差**）を与えておかなくてはならない。

なお，初期値の設定には特別な制限はない。たとえば，すべての初期値を0（ただし，x_1^0 は任意）としてスタートするのも1つの方法である。

例題 2.7

［例題2.4］で与えられた6元連立1次方程式をヤコビ法で解け。ただし，許容誤差を $E = 0.000001$ とする。

解

Excelファイル「ex-02.4.1」を開いてみよ。

ナビ

Excel ファイル「ex-02.4.1」は，ヤコビ法の Excel シートと VBA プログラム（ただし，元数は 10 元まで）である（図 2.4.1）。

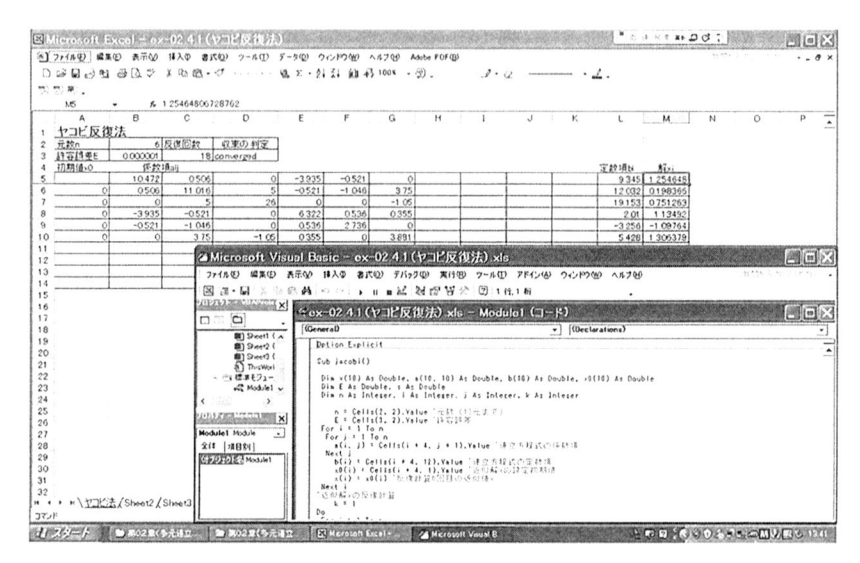

図 2.4.1　ヤコビ法「ex-02.4.1」

問 2.5

（問 2.1）で与えられた 3 元連立 1 次方程式をヤコビ法で解け。ただし，許容誤差を $E=0.000001$ とする。

　　答　$x_1=-1.00013$，$x_2=0.999874$，$x_3=2.000349$（16 回目に収束）

2.5　ガウス・ザイデルの反復法

ヤコビ法を変形した反復法として，**ガウス・ザイデルの反復法**（ガウス・ザイデル法）がある。ガウス・ザイデル法とは"どの繰り返し計算の過程においても，

常に**最新の計算値を用いる**"という方法である。

ヤコビ法では，第2.4節の式(3)に示すように，k回目の計算にはすべて$k-1$回目の値を用いているのに対し，ガウス・ザイデル法では，次式のように，できる限り古い$k-1$回目の値を用いない方法である。

$$x_i^k = \frac{1}{a_{ii}}(b_i - a_{i1}x_1^k - a_{i2}x_2^k - \cdots - a_{i,i-1}x_{i-1}^k - a_{i,i+1}x_{i+1}^{k-1} - \cdots - a_{in}x_n^{k-1})$$

(1)

式(1)にみられるように，k回目のi番目のx_i^kに対しては，すでにk回目の計算が$i-1$番目のxについて得られているので，$x_1^k \sim x_{i-1}^k$を最も新しい計算値として用いている。

なお，ガウス・ザイデル法でも，ヤコビ法と同じように，対角成分が0の場合には計算できないので，a_{ii}が0とならないような配慮が必要である。

例題 2.8

次の3元連立1次方程式の近似解をガウス・ザイデル法によって小数点以下3桁まで正確に求めよ。

$25\,x_1 + 2\,x_2 + x_3 = 70$
$2\,x_1 + 10\,x_2 + x_3 = 62$
$x_1 + x_2 + 4\,x_3 = 43$

解

与えられた連立方程式を次のように変形する。

$x_1 = 2.8 - 0.08\,x_2 - 0.04\,x_3$
$x_2 = 6.2 - 0.2\,x_1 - 0.1\,x_3$
$x_3 = 10.75 - 0.25\,x_1 - 0.25\,x_2$

初期値を与えるために$x_1^0 = 2.8$とおくと，x_2^0とx_3^0は次のようになる。なお，初期値として，$x_2^0 = 0$, $x_3^0 = 0$（x_1^0は任意）としてもよい。

$x_2^0 = 6.2 - 0.2(2.8) = 5.64$
$x_3^0 = 10.75 - 0.25(2.8) - 0.25(5.64) = 8.64$

第1回目の近似計算を行う。
$$x_1^1=2.8-0.08(5.64)-0.04(8.64)=2.003$$
$$x_2^1=6.2-0.2(2.003)-0.1(8.64)=4.935$$
$$x_3^1=10.75-0.25(2.003)-0.25(4.935)=9.016$$
同様の計算を第2，第3回目について行う。
$$x_1^2=2.045,\ x_2^2=4.889,\ x_3^2=9.016$$
$$x_1^3=2.048,\ x_2^3=4.889,\ x_3^3=9.016$$
第4回目の x_1^4 を求めると，$x_1^4=2.048$
したがって連立方程式の数値解は，$x_1=2.048,\ x_2=4.889,\ x_3=9.016$　　**答**

例題 2.9

［例題2.4］で与えられた6元連立1次方程式をガウス・ザイデル法で解け。ただし，許容誤差を $E=0.000001$ とする。

解

Excelファイル「ex-02.5.1」を開いてみよ。

ナビ

　Excelファイル「ex-02.5.1」は，**ガウス・ザイデル法のExcelシートとVBAプログラム**（ただし，元数は10元まで）である。ガウス・ザイデル法は繰り返し計算の際に最新の計算値を用いることから，同じ許容誤差範囲内ではヤコビ法に比べて迅速な収束が期待されるが，元数が6程度ではほとんど効果はない。ただし，収束解の精度についてはヤコビ法よりも優れているように思われる。

問 2.6

(問 2.1) で与えられた3元連立1次方程式をガウス・ザイデル法で解け。ただし、許容誤差を $E=0.000001$ とする。

答 $x_1=-1$, $x_2=1$, $x_3=2$ （28回目に収束）

> **クリック**
>
> 反復法では、解の収束が保証されていなければならないという制限がある。解の収束に関しては、正方行列の**固有値**を用いて判定できるが、その内容は線形代数学の書に譲る。
>
> 解の収束の判定法は別にして、与えられた連立1次方程式の収束解が得られない場合には、方程式の順序を入れ換えてみるのも1つの方法である。
>
> たとえば、次の3元連立1次方程式がある。
>
> $2x_1+3x_2-x_3=5$
>
> $3x_1-2x_2+4x_3=11$
>
> $x_1+x_2+x_3=6$
>
> 与えられた連立方程式の順序のままでは収束解が得られないが、第1式と第2式を入れ換えて計算を行えば収束解が求まる。

2.6 緩和法

反復法とは異なった繰り返し計算の進め方で、n 元連立1次方程式の近似解を求める方法として**緩和法**がある。

n 元連立1次方程式が第2.2節の式(1)のように与えられたとして、各方程式の**残差** $R_i (i=1, 2, \cdots, n)$ を次式によって定義する。

第2章　多元連立1次方程式を解く

$$R_1 = a_{11}x_1 + a_{12}x_2 + \cdots + a_{1n}x_n - b_1$$
$$R_2 = a_{21}x_1 + a_{22}x_2 + \cdots + a_{2n}x_n - b_2$$
$$\cdots\cdots\cdots$$
$$R_n = a_{n1}x_1 + a_{n2}x_2 + \cdots + a_{nn}x_n - b_n$$

(1)

x_1, x_2, $\cdots$, x_n が**厳密解**（正解）であれば，式(1)で定義した残差 R_i はすべて0となるはずである。そこで，x_1, x_2, $\cdots$, x_n の近似値を適当に推定して式(1)に代入し，残差 R_i がすべて0になるように近似値を修正していけば，式(1)の正解が得られることになる。ただし，緩和法における繰り返し計算の進め方には定まった手順はない。通常は最も大きな残差に着目し，それを小さくするように変数を修正していく操作がとられる。

例題 2.10

次の2元連立1次方程式を緩和法で解け。
$$x + y = 4$$
$$2x - y = 5$$

解

与えられた連立方程式の残差を次式のように表す。
$$R_1 = x + y - 4$$
$$R_2 = 2x - y - 5$$
ここで，残差の式を表の形で書けば次のようになる。

	Δx	Δy
ΔR_1	1	1
ΔR_2	2	-1

この表は，x を Δx だけ変化させると，R_1 は Δx 変化し，R_2 は $2\Delta x$ 変化することを，また，y を Δy だけ変化させると，R_1 は Δy 変化し，R_2 は $-\Delta y$ 変化することを表している。

さて，残差の式に戻って，出発値として適当な値，たとえば $x=0$, $y=0$ とお

いてみると，残差 R_1 と R_2 は次のようになる。

$R_1=0+0-4=-4$, $R_2=2\times0-0-5=-5$

ここで，R_1 と R_2 を比べて0からのずれ（残差）の大きい R_2 のほうに着目して，$\triangle x=3$ とおいてみると，次のようになる（$\triangle x=3$ ではなく別の値，たとえば $\triangle x=1$ とおいても，繰り返し計算の回数が増えるだけで，同じ結果が得られる）。

$\triangle R_1 = \triangle x = 3$, $\triangle R_2 = 2\triangle x = 6$

したがって，残差 R_1 と R_2 は次のようになって0にかなり近づく。

$R_1 = -4 + \triangle R_1 = -4 + 3 = -1$, $R_2 = -5 + \triangle R_2 = -5 + 6 = 1$

なお，$\triangle x=3$ とおいたことは，残差の式でいえば $x = 0 + \triangle x = 3$, $y = 0$ とおいたことであり，$R_1 = 3 + 0 - 4 = -1$, $R_2 = 2\times3 - 0 - 5 = 1$ のように計算してもよい。

再び，残差を比べてみる。しかし，この場合は $R_1 = -1$, $R_2 = 1$ であり，どちらの残差も0からのずれは同じである。そのため，どちらに着目してもよいが，今度は y のほうを変化させて $\triangle y = 1$ とおいてみると，次のようになる。

$\triangle R_1 = \triangle y = 1$, $\triangle R_2 = -\triangle y = -1$

したがって，残差 R_1 と R_2 は次のように0となる。

$R_1 = -1 + \triangle R_1 = -1 + 1 = 0$, $R_2 = 1 + \triangle R_2 = 1 - 1 = 0$

すなわち連立方程式の解は，$x = 0 + 3 = 3$, $y = 0 + 1 = 1$　　**答**

以上の操作を表の形で表すと次のとおりである。

x	R_1	y	R_2
0	-4	0	-5
$+3$	$+3$		$+6$
	-1		$+1$
	$+1$	$+1$	-1
	0		0
$+3$		$+1$	

第2章　多元連立1次方程式を解く

ナビ

　Excel に付属している［ソルバー］を用いて連立方程式の解を求めるには，"目的関数（目的セル）として残差の2乗和をつくって，これを最小にする"のが常套手段である。しかし，"残差の絶対値の総和"を目的関数としても解は求まる。Excel シート「ex-02.6.1」は，残差の絶対値の総和を目的関数として［例題2.10］を解いた結果である。［ソルバー］の内容は知らないが，緩和法と似ている部分もあるように思う。

クリック

　多元連立1次方程式を解く方法はいろいろあるので，その使い方に迷ってしまうのではなかろうか。そこで一言。それぞれの方法に一長一短はあるが，一般的には，元数が少ないときには**消去法**が，元数が多くて行列成分の大部分が0となる連立1次方程式には**反復法**が有効である。一方，**クラメル法**は連立方程式の解析に向いている。

第3章
相関式をつくる

『ある物質の蒸気圧を測定し，種々の温度に対する蒸気圧のデータを得た。このデータを表現するのに相応しい式をつくるにはどうすればよいか』──それには，式（**相関式**）を想定して式の係数を決めればよい。

第1章で述べた補間式と同様に，相関式もデータを式にすることにおいては何ら変わるものではない。ただ，補間式は"隣り合う**データの間を埋める式**"であるのに対して，相関式は"全データに平均的にあてはまり，すべてのデータとの**偏差をできるだけ小さくする式**"である。

相関式を求めるポイントは2つあり，1つは式の形を見いだすこと，もう1つは式の係数の値を定めることである。前者については，データをプロットしたグラフが比較的単純な形をしているときには容易であるが，一般には経験と判断を必要とする。

3.1 選点法

選点法とは"データが与えられたとき，そのデータをプロットしてグラフを描いて，グラフの形から相関式を想定し，想定した相関式に最もよく適合する**グラフ上の点**を相関式の**係数の数**だけ選び出して，連立方程式を解くことによって係数の値を決定する方法"である。このように，選点法は直感的で原始的な方法である。

例題 3.1

下表のデータがある。これらのデータをグラフの形で整理したところ（図

第3章 相関式をつくる

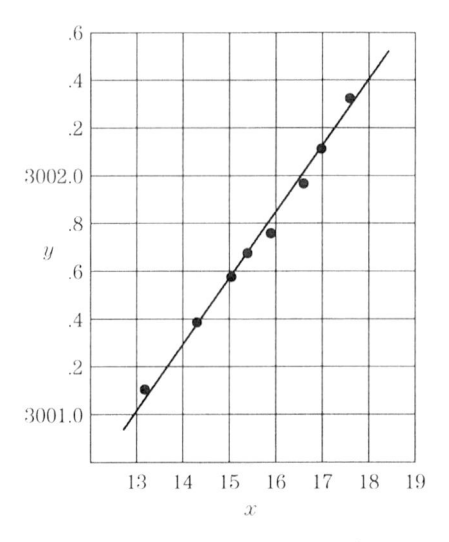

図 3.1 選点法による相関式

3.1），相関式として次の1次式が想定された。

$$y = a_1 + a_2 x$$

選点法を用いて係数 a_1 と a_2 を求め，相関式を確定せよ。

x	13.2	14.3	15.0	15.4	15.8	16.5	16.9	17.6
y	3001.09	3001.37	3001.57	3001.68	3001.76	3001.96	3002.12	3002.34

解

図 3.1 の**直線上の 2 点** (14.0, 3001.28)，(17.0, 3002.13) を選び，想定した相関式 $y = a_1 + a_2 x$ にその値を代入すると，

$$a_1 + 14 a_2 = 3001.28, \quad a_1 + 17 a_2 = 3002.13$$

この連立方程式を解くと，$a_1 = 2997.31$，$a_2 = 0.2833$

したがって求める相関式は，$y = 2997.31 + 0.2833 x$　　答

ナビ

Excel シート「ex-03.1.1」は,[例題 3.1]を例として,Excel の[グラフ]―[近似曲線の追加]で[線形近似]を用いることによって得られた結果である(図 3.1.1)。近似式(相関式)の係数は,第 3.3 節に示す最小 2 乗法による結果と一致している([例題 3.3]を参照)。

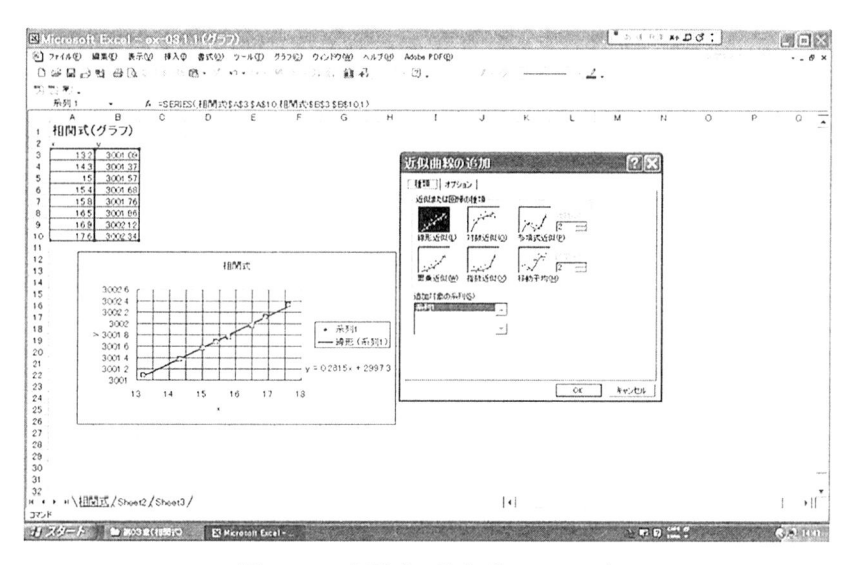

図 3.1.1　相関式の作成「ex-03.1.1」

3.2　平均法

　平均法とは"相関式を想定し,相関式の値とデータとの偏差の代数和を 0 とするように相関式の係数を決定する方法"である。

　n 組のデータ $(x_1, y_1), (x_2, y_2), \cdots, (x_n, y_n)$ がある。このデータをプロットして $a, b, c, \cdots$,を係数とする相関式 $y=f(x)$ が想定されたとする。

　このときまず,データの数だけ偏差 $r_i (i=1,2,\cdots,n)$ の方程式をつくる。

第3章　相関式をつくる

$$r_1 = f(x_1; a,b,c,\cdots) - y_1$$
$$r_2 = f(x_2; a,b,c,\cdots) - y_2$$
$$\cdots\cdots\cdots\cdots$$
$$r_n = f(x_n; a,b,c,\cdots) - y_n \tag{1}$$

次に，係数 a, b, c, $\cdots$, の数（N 個）だけ偏差 r の組（N 組）を任意につくる。

$$\text{I}: r_\alpha = f(x_\alpha; a,b,c,\cdots) - y_\alpha$$
$$r_\beta = f(x_\beta; a,b,c,\cdots) - y_\beta$$
$$\cdots\cdots\cdots\cdots$$
$$r_\gamma = f(x_\gamma; a,b,c,\cdots) - y_\gamma \tag{2}$$

$$\text{II}: r_\delta = f(x_\delta; a,b,c,\cdots) - y_\delta$$
$$\cdots\cdots\cdots\cdots$$
$$r_\varepsilon = f(x_\varepsilon; a,b,c,\cdots) - y_\varepsilon \tag{3}$$

$$\cdots\cdots\cdots\cdots$$

$$N: r_\kappa = f(x_\kappa; a,b,c,\cdots) - y_\kappa$$
$$\cdots\cdots\cdots\cdots$$
$$r_\lambda = f(x_\lambda; a,b,c,\cdots) - y_\lambda \tag{4}$$

そして，I の組について偏差の代数和を $r_\alpha + r_\beta + \cdots + r_\gamma = 0$ とすると，次のような関係式が得られる。

$$f_\text{I}(a,b,c,\cdots) = 0 \tag{5}$$

同様に，II～N の組についても次式が得られる。

$$f_\text{II}(a,b,c,\cdots) = 0$$
$$\cdots\cdots\cdots\cdots$$
$$f_N(a,b,c,\cdots) = 0 \tag{6}$$

これら N 組の関係式 $f_\text{I}=0$, $f_\text{II}=0$, $\cdots$, $f_N=0$ を連立させて解くことによって，係数 a, b, c, $\cdots$ の値が求まる。

例題 3.2

[例題 3.1] で与えられたデータの相関式を次の 1 次式
$$y = a_1 + a_2 x$$
と想定し、その係数 a_1, a_2 を平均法によって求め、相関式を確定せよ。

解

相関式の係数が a_1 と a_2 の 2 個なので、8 つの偏差の方程式を次のように左と右の 2 組に分ける。

$r_1 = a_1 + 13.2\, a_2 - 3001.09$　　　　$r_5 = a_1 + 15.8\, a_2 - 3001.76$

$r_2 = a_1 + 14.3\, a_2 - 3001.37$　　　　$r_6 = a_1 + 16.5\, a_2 - 3001.96$

$r_3 = a_1 + 15.0\, a_2 - 3001.57$　　　　$r_7 = a_1 + 16.9\, a_2 - 3002.12$

$r_4 = a_1 + 15.4\, a_2 - 3001.68$　　　　$r_8 = a_1 + 17.6\, a_2 - 3002.34$

各組の偏差の和を 0 とする式　$r_1 + r_2 + r_3 + r_4 = 0$, $r_5 + r_6 + r_7 + r_8 = 0$ をつくれば、$4\, a_1 + 57.9\, a_2 = 12005.71$　　　$4\, a_1 + 66.8\, a_2 = 12008.18$

この連立方程式を解くと、$a_1 = 2997.41$, $a_2 = 0.2775$

したがって求める相関式は、$y = 2997.41 + 0.2775\, x$　　　答

クリック

"偏差の組を任意につくる"と言っても、偏差の組の選び方は数多くあり、その選び方によって相関式の係数の値も異なる。そのため、データに最もよく適合する係数の値を求めるには、どうすればよいかという問題が生じてくる。しかし、これに対する一般的な方法論はない。強いていえば、データの順に偏差の方程式の組をつくっていくのがよい。

3.3　最小 2 乗法

最小 2 乗法とは"相関式の値とデータとの偏差の 2 乗和を最小とするように相

第3章 相関式をつくる

関式の係数を決定する方法"である。

2次の相関式を例としよう。n 組のデータ $(x_1, y_1), (x_2, y_2), \cdots (x_n, y_n)$ に対して，あてはめるべき相関式が次のように想定できたとする。

$$y = a_1 + a_2 x + a_3 x^2 \tag{1}$$

このとき，各データに対する**偏差の方程式**は次式で与えられる。

$$\begin{aligned} r_1 &= a_1 + a_2 x_1 + a_3 x_1^2 - y_1 \\ r_2 &= a_1 + a_2 x_2 + a_3 x_2^2 - y_2 \\ &\cdots\cdots\cdots\cdots \\ r_n &= a_1 + a_2 x_n + a_3 x_n^2 - y_n \end{aligned} \tag{2}$$

最小2乗法の定義に従えば，相関式(1)の係数 a_1, a_2, a_3 の最も相応しい値は，次式を最小にする値である。

$$\sum_{i=1}^{n} r_i^2 = r_1^2 + r_2^2 + \cdots + r_n^2 \tag{3}$$

すなわち，次の式(4)が最小となるように a_1, a_2, a_3 の値を選べばよい。

$$\begin{aligned}(a_1 + a_2 x_1 + a_3 x_1^2 - y_1)^2 &+ (a_1 + a_2 x_2 + a_3 x_2^2 - y_2)^2 + \cdots \\ &+ (a_1 + a_2 x_n + a_3 x_n^2 - y_n)^2 = f(a_1, a_2, a_3)\end{aligned} \tag{4}$$

式(4)は a_1, a_2, a_3 に関する2次式であり，a_1, a_2, a_3 の係数はすべて正なので，式(4)の $f(a_1, a_2, a_3)$ が最小となる条件は，a_1, a_2, a_3 についての**偏導関数が同時に 0** となることである。

$$\begin{aligned}\frac{\partial f}{\partial a_1} = 2(a_1 + a_2 x_1 + a_3 x_1^2 - y_1) &+ 2(a_1 + a_2 x_2 + a_3 x_2^2 - y_2) + \cdots \\ &+ 2(a_1 + a_2 x_n + a_3 x_n^2 - y_n) = 0\end{aligned} \tag{5}$$

$$\begin{aligned}\frac{\partial f}{\partial a_2} = 2(a_1 + a_2 x_1 + a_3 x_1^2 - y_1)x_1 &+ 2(a_1 + a_2 x_2 + a_3 x_2^2 - y_2)x_2 + \cdots \\ &+ 2(a_1 + a_2 x_n + a_3 x_n^2 - y_n)x_n = 0\end{aligned} \tag{6}$$

$$\begin{aligned}\frac{\partial f}{\partial a_3} = 2(a_1 + a_2 x_1 + a_3 x_1^2 - y_1)x_1^2 &+ 2(a_1 + a_2 x_2 + a_3 x_2^2 - y_2)x_2^2 + \cdots \\ &+ 2(a_1 + a_2 x_n + a_3 x_n^2 - y_n)x_n^2 = 0\end{aligned} \tag{7}$$

したがって，式(5)〜(7)を書き直した次の連立1次方程式（**正規方程式**という）を解けば，未知数（2次相関式の係数）a_1, a_2, a_3 の値が決まる。

$$a_1\sum_{i=1}^{n}1 + a_2\sum_{i=1}^{n}x_i + a_3\sum_{i=1}^{n}x_i{}^2 = \sum_{i=1}^{n}y_i$$

$$a_1\sum_{i=1}^{n}x_i + a_2\sum_{i=1}^{n}x_i{}^2 + a_3\sum_{i=1}^{n}x_i{}^3 = \sum_{i=1}^{n}y_i x_i \tag{8}$$

$$a_1\sum_{i=1}^{n}x_i{}^2 + a_2\sum_{i=1}^{n}x_i{}^3 + a_3\sum_{i=1}^{n}x_i{}^4 = \sum_{i=1}^{n}y_i x_i{}^2$$

理解を容易にするために，相関式を式(1)のような2次式で与えたが，相関式の形に制限はなく，1次式や多項式を含む多くの関数にも同じような扱いができる。ただし，対象となる相関式は，その係数 a_1, a_2, a_3, …，が**線形**（1次）の場合に限られる。

式(8)を一般化して m 次の多項式 $y = a_1 + a_2 x + a_3 x^2 + \cdots + a_{m+1} x^m$ について示せば，係数 a_1, a_2, a_3, …を求める連立1次方程式は次のようになる。

$$\begin{aligned}
&a_1\sum 1 + a_2\sum x_i + a_3\sum x_i{}^2 + \cdots + a_{m+1}\sum x_i{}^m = \sum y_i \\
&a_1\sum x_i + a_2\sum x_i{}^2 + a_3\sum x_i{}^3 + \cdots + a_{m+1}\sum x_i{}^{m+1} = \sum y_i x_i \\
&a_1\sum x_i{}^2 + a_2\sum x_i{}^3 + a_3\sum x_i{}^4 + \cdots + a_{m+1}\sum x_i{}^{m+2} = \sum y_i x_i{}^2 \\
&\qquad\cdots\cdots\cdots\cdots \\
&a_1\sum x_i{}^m + a_2\sum x_i{}^{m+1} + a_3\sum x_i{}^{m+2} + \cdots + a_{m+1}\sum x_i{}^{2m} = \sum y_i x_i{}^m
\end{aligned} \tag{9}$$

ここで，$\sum$ はデータ数 $i = 1 \sim n$ の総和である。

例題 3.3

［例題3.1］で与えられたデータの相関式を次の1次式

$$y = a_1 + a_2 x$$

と想定し，その係数 a_1, a_2 を最小2乗法によって求め，相関式を確定せよ。

解

正規方程式を求めるために $f(a_1, a_2)$ を次のようにおく。

$$f(a_1, a_2) = (a_1 + a_2 x_1 - y_1)^2 + (a_1 + a_2 x_2 - y_2)^2 + \cdots + (a_1 + a_2 x_8 - y_8)^2$$

$f(a_1, a_2)$ の偏導関数を求めて0とおくと，

第3章 相関式をつくる

$$\frac{\partial f}{\partial a_1}=2(a_1+a_2x_1-y_1)+2(a_1+a_2x_2-y_2)+\cdots+2(a_1+a_2x_8-y_8)=0$$

$$\frac{\partial f}{\partial a_2}=2(a_1+a_2x_1-y_1)x_1+2(a_1+a_2x_2-y_2)x_2+\cdots+2(a_1+a_2x_8-y_8)x_8=0$$

したがって，正規方程式は次のようになる．

$8a_1+a_2(x_1+x_2+\cdots+x_8)=y_1+y_2+\cdots+y_8$

$a_1(x_1+x_2+\cdots+x_8)+a_2(x_1^2+x_2^2+\cdots+x_8^2)=y_1x_1+y_2x_2+\cdots+y_8x_8$

これらの式に表の値を代入すると，

$8a_1+124.7a_2=24013.89$　　　$124.7a_1+1958.15a_2=374320.561$

この連立1次方程式を解くと，$a_1=2997.35$，$a_2=0.2815$

したがって求める相関式は，$y=2997.35+0.2815x$　　**答**

例題 3.4

下表に示す9点のデータがある。このデータを表す相関式として2次式（$y=a_1+a_2x+a_3x^2$）を想定した．最小2乗法を用いて係数 a_1, a_2, a_3 を求めよ．

x	1.0	2.0	3.0	5.0	10.0	12.0	20.0	30.0	40.0
y	14.1	16.5	22.9	31.3	46.0	44.8	63.2	81.5	86.6

解

Excelファイル「ex-03.3.1」を開いてみよ．

ナビ

Excelファイル「ex-03.3.1」は m 次多項式の係数を求める**最小2乗法のExcelシートとVBAプログラム**（ただし，最高次数は10次，最大データ点数は15点）である（図3.3.1）．次数，データ点数，データ (x, y) をシートに入力してマクロを実行させれば，想定した多項式の係数が求まる．なお，プログラムでは**連立1次方程式の解法としてガウスの消去法**

（第2章を参照）を採用し，これを［サブプログラム］とした．

Excelシートには，Excelの［グラフ］—［近似曲線の追加］で［多項式近似］を用いた結果も示してあるが，当然のことながら両者の結果は一致している．このことから，極端に複雑な相関式を想定しない限り，相関式の作成にはExcelのグラフ機能を活用するのが良いように思う．

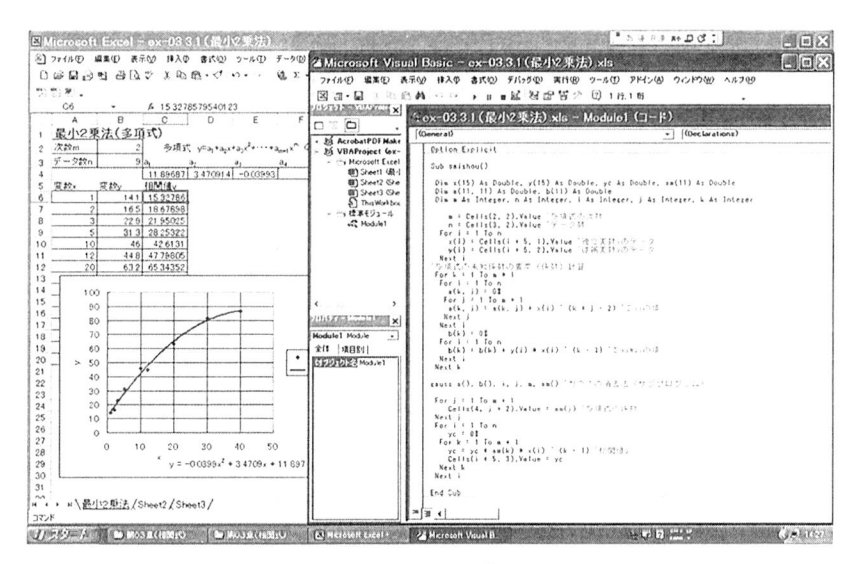

図3.3.1 最小2乗法「ex-03.3.1」

問 3.1

下表に示す11点のデータがある．このデータを表す相関式として5次式（$y=a_1+a_2x+a_3x^2+a_4x^3+a_5x^4+a_6x^5$）を想定した．最小2乗法を用いて係数$a_1$, a_2, a_3, a_4, a_5, a_6を求め，相関式を確定せよ．

答 $y=1-x+2x^2-3x^3+4x^4-5x^5$

x	0	0.1	0.2	0.3	0.4	0.5	0.6	0.7	0.8	0.9	1
y	1	0.91735	0.8608	0.81925	0.7792	0.71875	0.6016	0.37105	−0.056	−0.79505	−2

第3章　相関式をつくる

> 🖐 **クリック**
>
> 　x, y 両軸の取り方を工夫すれば，多くの式が1次式（直線）で表すことができる。たとえば，
>
> 　$y=a/x+b$ は x 軸を $1/x$ にとれば1次式となる。したがって，与えられたデータ (x, y) を $(1/x, y)$ に変換してプロットすれば直線で表すことができる。
>
> 　$y=x/(a+bx)$ は $1/y=a/x+b$ と変形できるので，データ (x, y) を $(1/x, 1/y)$ に変換してプロットすれば直線で表すことができる。
>
> 　$y=bx^a$ は両辺の対数をとると $\log y=a \log x+\log b$ となるので，データ (x, y) を $(\log x, \log y)$ に変換してプロットすれば直線で表すことができる。
>
> 　$y=be^{ax}$ は両辺の対数をとると $\log y=ax+\log b$ となるので，データ (x, y) を $(x, \log y)$ に変換してプロットすれば直線で表すことができる。

第4章
微分係数を求める

『化学反応の実験を行い，原料成分の濃度変化を一定時間ごとに測定した。反応実験のデータを用いて，任意の時間における原料成分の反応速度を求めるにはどうすればよいか』──→それには，データを表現するグラフあるいは式を**数値微分**すればよい。

変数 x と y の関係がグラフまたは数表で与えられている。このとき，$x=a$ における微分係数 $(dy/dx)_{x=a}$ を求める（数値微分する）には，微分係数を求めたい領域内で，導関数 dy/dx を**補間式**あるいは**相関式**で表せばよい。一方，式（関数）の形が分かっている場合の簡便な方法として**差分法**がある。

4.1 差分法

関数 $y=g(x)$ の微分係数 $g'(a)$ は，$x=a$（図 4.1 の点 P）における**接線の傾き**を表している。この接線の傾きを求める最も単純な近似法が**差分法**であり，

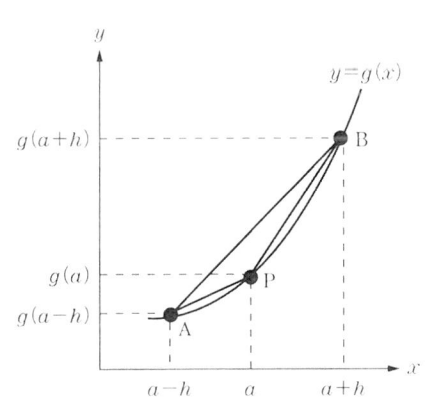

図 4.1　差分近似のとり方

前進差分，後退差分，中心差分がある（差分近似については第 10 章で詳述する）。
前進差分は，独立変数 x の**増分**を h とすると，次式のように表される（図中の直線 PB の傾きに等しい）。

$$g'(a) = \frac{g(a+h) - g(a)}{h} \tag{1}$$

後退差分は，次式で表される（図中の直線 AP の傾きに等しい）。

$$g'(a) = \frac{g(a) - g(a-h)}{h} \tag{2}$$

中心差分は，次式で表される（図中の直線 AB の傾きに等しい）。

$$g'(a) = \frac{g(a+h) - g(a-h)}{2h} \tag{3}$$

例題 4.1

関数 $y = x^2$ の $x = 1$ における微分係数を，前進差分，後退差分，中心差分で求め，解析解の値と比較せよ。ただし，$h = 0.1$ とする。

解

式(1)〜式(3)を適用すると，

$$前進差分 = \frac{(1+0.1)^2 - 0.1^2}{0.1} = 2.1$$

$$後退差分 = \frac{1^2 - (1-0.1)^2}{0.1} = 1.9$$

$$中心差分 = \frac{(1+0.1)^2 - (1-0.1)^2}{2 \times 0.1} = 2$$

一方，$dy/dx = 2x$ であるから，解析値 $= 2 \times 1 = 2$　　**答**

4.1 差分法

ナビ

Excel ファイル「ex-04.1.1」は，差分法の Excel シートと VBA プログラムである（図 4.1.1）。シートには，3 次関数 $y=x^3-x+1$ を例とし，増分 $h=0.001$ としたときの $x=2$ における微分係数が示されている。

なお，プログラムには [Function] を組み込んであり，利用する関数形を変更した場合，この部分だけを書きかえればよいようにしてある。

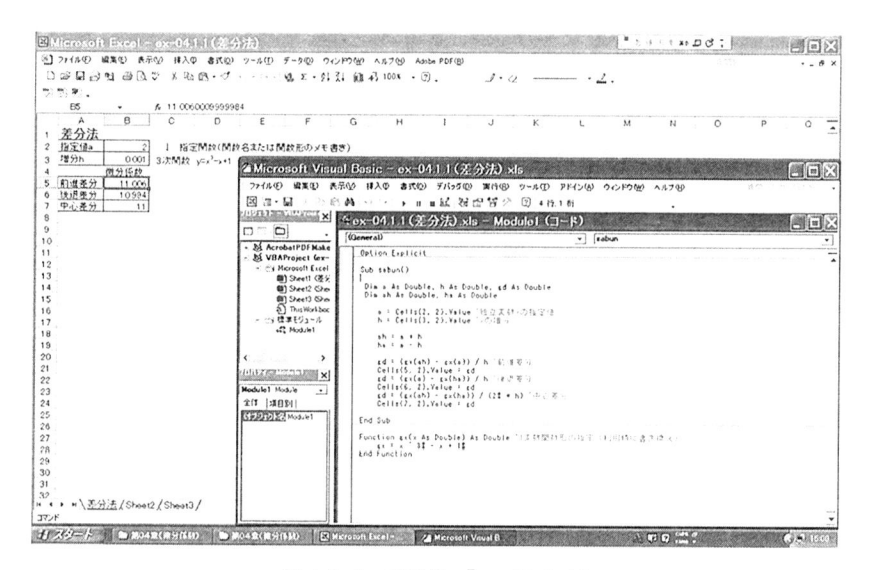

図 4.1.1 差分法「ex-04.1.1」

問 4.1

5 次関数 $y=1-x+2x^2-3x^3+4x^4-5x^5$ の $x=0.4$ における微分係数を差分法で求めよ（解析値は -0.456）。ただし，$h=0.001$ とする。

答 前進差分 $=-0.45696$，後退差分 $=-0.45504$，中心差分 $=-0.456$

第4章 微分係数を求める

4.2 補間式による方法

データが等間隔で与えられていない場合には，**ラグランジュの補間式**を，等間隔で与えられている場合には，**ニュートンの補間式**を利用すればよい。

ここでは，**ニュートンの前進形補間式**を適用して，その第1次導関数と第2次導関数を導くことにする。

ニュートンの前進形補間式（第1章を参照）は次式で表される。

$$y = y_0 + p\Delta^1 y_0 + \frac{p(p-1)}{2!}\Delta^2 y_0 + \frac{p(p-1)(p-2)}{3!}\Delta^3 y_0$$

$$+ \frac{p(p-1)(p-2)(p-3)}{4!}\Delta^4 y_0 + \cdots$$

$$+ \frac{p(p-1)(p-2)(p-3)\cdots(p-n+1)}{n!}\Delta^n y_0 \qquad (1)$$

ただし，$\frac{x-x_0}{h} = p$ であり，$h = x_i - x_{i-1}$ $(i=1, 2, \cdots, n)$ (2)

合成関数の微分法より，

$$\frac{dy}{dx} = \frac{dy}{dp}\frac{dp}{dx} = \frac{1}{h}\frac{dy}{dp}$$

$$\frac{d^2y}{dx^2} = \frac{d}{dx}\left(\frac{1}{h}\frac{dy}{dp}\right) = \frac{1}{h}\frac{d}{dp}\left(\frac{dy}{dp}\right)\frac{dp}{dx} = \frac{1}{h^2}\frac{d^2y}{dp^2}$$

であるから，これをニュートンの前進形補間式(1)に適用すると，**第1次導関数**と**第2次導関数**はそれぞれ次式のようになる。

$$\frac{dy}{dx} = \frac{1}{h}\left(\Delta^1 y_0 + \frac{2p-1}{2!}\Delta^2 y_0 + \frac{3p^2-6p+2}{3!}\Delta^3 y_0\right.$$

$$\left. + \frac{4p^3-18p^2+22p-6}{4!}\Delta^4 y_0 + \cdots\right) \qquad (3)$$

$$\frac{d^2y}{dx^2} = \frac{1}{h^2}\left(\Delta^2 y_0 + \frac{6p-6}{3!}\Delta^3 y_0 + \frac{12p^2-36p+22}{4!}\Delta^4 y_0 + \cdots\right) \quad (4)$$

$x = x_0$ では式(2)より $p = 0$ であるから，$x = x_0$ における微分係数は式(3)より

次のようになる。

$$\left(\frac{dy}{dx}\right)_{x=x_0} = \frac{1}{h}\left(\Delta^1 y_0 - \frac{1}{2!}\Delta^2 y_0 + \frac{2}{3!}\Delta^3 y_0 - \frac{6}{4!}\Delta^4 y_0 + \cdots\right) \quad (5)$$

同じようにして，領域内の任意の点 x における微分係数，第2次微分係数は式(3)，式(4)を用いて求められる。

例題 4.2

下表のデータの $x=0.85$ における微分係数を，ニュートンの前進形補間式から求めよ。

x	0.6	0.7	0.8	0.9	1.0	1.1	1.2	1.3
y	0.616	0.643	0.712	0.829	1.000	1.231	1.528	1.897

解

Excel ファイル「ex-04.2.1」を開いてみよ。

ナビ

Excel ファイル「ex-04.2.1」はニュートン補間式による方法の Excel シートと VBA プログラム（ただし，求める微分係数は第1次のみで，データ点数は最大15点）である（図 4.2.1）。

このプログラムでは，次に示す**積の微分公式**を用いて式(1)の p の**乗積項**の微分を求めている。

$$\{u_1 u_2 u_3 \cdots u_n\}' = u_1' u_2 u_3 \cdots u_n + u_1 u_2' u_3 \cdots u_n + \cdots + u_1 u_2 u_3 \cdots u_n'$$

たとえば，この微分公式を次の乗積項に適用すると p は1次なので，

$$\{p(p-1)(p-2)\}' = (p-1)(p-2) + p(p-2) + p(p-1)$$

$$= \frac{p(p-1)(p-2)}{p} + \frac{p(p-1)(p-2)}{p-1}$$

第4章　微分係数を求める

$$+ \frac{p(p-1)(p-2)}{p-2}$$

となる。この式を用いるプログラム上の欠点は，指定値 x の与え方によっては分母の $(p-i+1)$（ただし，$i=1, 2, \cdots, n$）のどれかが0となり，ごく稀ではあるが，計算不能に陥ることである。

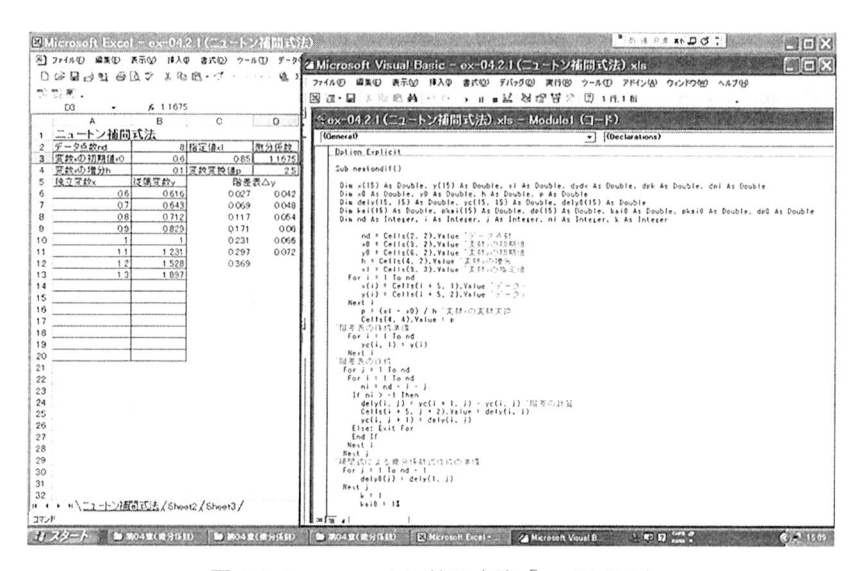

図4.2.1　ニュートン補間式法「ex-04.2.1」

問4.2

下表のデータ（5次関数 $y=1-x+2x^2-3x^3+4x^4-5x^5$ の数値化データ）の $x=0.40001$（$x=0.4$ では計算不能）における微分係数を，ニュートンの前進形補間式から求めよ。　　　　　　　　　　　　　答　-0.45602

x	0.1	0.2	0.3	0.4	0.5	0.6	0.7
y	0.91735	0.8608	0.81925	0.7792	0.71875	0.6016	0.37105

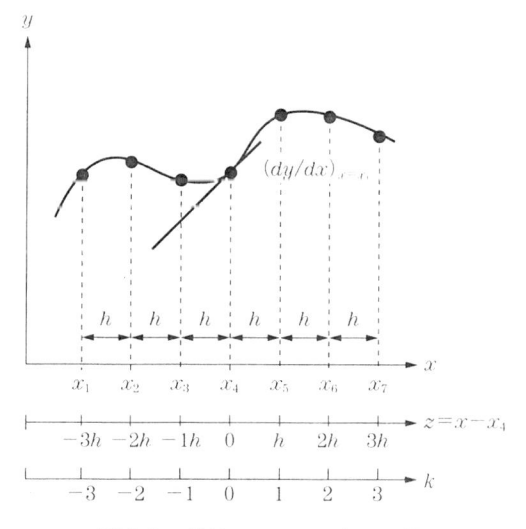

4.3 ダグラス・アバキアン法

ダグラス・アバキアン（Douglass-Avakian）法とは"等間隔に並んだ7個のデータを用いて最小2乗法により4次の相関式を決定し，その中央点の x の値に対応する微分係数を求める方法"である。

微分係数を求める点 x を中心にして，変数 x が等間隔（きざみ幅）h で並んだ全部で7個のデータからつくられる4次の相関式を次のようにおく。

$$y = a + bx + cx^2 + dx^3 + ex^4 \tag{1}$$

きざみ幅を h としているので，x の7つの値のうちの中央の点 $x(=x_4)$ を 0 とするため，次のように**平行移動**（変数変換）する（図 4.2）。

$$z_i = x_i - x_4 \quad (i=1, 2, \cdots, 7) \tag{2}$$

平行移動を行った後の，式(1)に対応する式を次のようにおく。

$$y = a_1 + b_1 z + c_1 z^2 + d_1 z^3 + e_1 z^4 \tag{3}$$

そうすると，新しい独立変数 z の7つの値は，$-3h$, $-2h$, $-h$, 0, h, $2h$, $3h$ となる。ここで，h の係数を k（すなわち，$z=-3h$ では $k=-3$, $z=-2h$ では $k=-2$, $\cdots$, $z=3h$ では $k=3$）として，**最小2乗法**によって式(3)の係数

図 4.2　ダグラス・アバキアン法

a_1, b_1, c_1, d_1, e_1 を求める。その結果は次のようになる（求め方については，章末の【数学講座】を参照）。

$$a_1 = \frac{524\sum y_i - 245\sum k_i^2 y_i + 21\sum k_i^4 y_i}{924} \tag{4}$$

$$b_1 = \frac{397\sum k_i y_i}{1512\,h} - \frac{7\sum k_i^3 y_i}{216\,h} \tag{5}$$

$$c_1 = \frac{-840\sum y_i + 679\sum k_i^2 y_i - 67\sum k_i^4 y_i}{3168\,h^2} \tag{6}$$

$$d_1 = \frac{-7\sum k_i y_i + \sum k_i^3 y_i}{216\,h^3} \tag{7}$$

$$e_1 = \frac{72\sum y_i - 67\sum k_i^2 y_i + 7\sum k_i^4 y_i}{3168\,h^4} \tag{8}$$

ここで，$\sum$ は $i=1\sim 7$ の総和を意味している。

式(3)の導関数 dy/dz を求めると，

$$\frac{dy}{dz} = b_1 + 2c_1 z + 3d_1 z^2 + 4e_1 z^3 \tag{9}$$

したがって，中央点 $z=0$ ($x=x_4$) における微分係数は次のように求まる。

$$\left(\frac{dy}{dz}\right)_{z=0} = b_1 = \frac{397\sum k_i y_i}{1512\,h} - \frac{7\sum k_i^3 y_i}{216\,h} \tag{10}$$

$dy/dz = dy/dx$ であるから，式(10)で求めた微分係数は，そのまま元の式(1)の求める点における微分係数となる。また，式(4)～(8)で得られた係数を式(3)に代入し，式(2)を用いて整理すれば，式(1)で与えた4次の相関式が得られる。

例題 4.3

次のような等間隔の7個のデータがある。この $x=4.5$ における微分係数をダグラス・アバキアン法によって求めよ。

x	0.0	1.5	3.0	4.5	6.0	7.5	9.0
y	2	3	2	-1	-2	-2	-1

また，これらのデータを表す相関式を求めよ。

解

独立変数xの値はきざみ幅$h=1.5$で並んでいる。そこで，$z_i=x_i-4.5$によって変数xを平行移動させ，各係数に数値を代入する準備のために，次のような表を作成する。

x_i	y_i	z_i	k_i	$k_i y_i$	$k_i^2 y_i$	$k_i^3 y_i$	$k_i^4 y_i$
0.0	2	−4.5	−3	−6	18	−54	162
1.5	3	−3.0	−2	−6	12	−24	48
3.0	2	−1.5	−1	−2	2	−2	2
4.5	−1	0.0	0	0	0	0	0
6.0	−2	1.5	1	−2	−2	−2	−2
7.5	−2	3.0	2	−4	−8	−16	−32
9.0	−1	4.5	3	−3	−9	−27	−81
$\sum$	1	…	…	−23	13	−125	97

(平田光穂監訳，「化学技術者のための応用数学」，丸善（1968）より改変)

この表の数値を式(4)に代入して係数a_1の値を求めると次のようになる。

$$a_1=(524\times1-245\times13+21\times97)/924=-0.68$$

同様に他の係数の値を求めると，

$$b_1=-1.32,\ c_1=0.21,\ d_1=0.049,\ e_1=-0.0075$$

したがって，$z=0(x=4.5)$ における微分係数は次のようになる。

$$\left(\frac{dy}{dz}\right)_{z=0}=\left(\frac{dy}{dx}\right)_{x=4.5}=b_1=-1.32 \quad \textbf{答}$$

また，このデータのzについての相関式は次式となる。

$$y=-0.68-1.32z+0.21z^2+0.049z^3-0.0075z^4$$

この相関式のzに$z=x-4.5$を代入すれば，xについての相関式が得られる。

例題 4.4

下表に示す7点のデータがある。ダグラス・アバキアン法を用いて$x=5$における微分係数を求めよ。

第 4 章　微分係数を求める

x	2	3	4	5	6	7	8
y	0.69315	1.09861	1.38629	1.60944	1.79176	1.94591	2.07944

解

Excel ファイル「ex-04.3.1」を開いてみよ。

ナビ

Excel ファイル「ex-04.3.1」はダグラス・アバキアン法の Excel シートと VBA プログラムである（図 4.3.1）。7 点のデータ (x, y) を入力し，中心点の x を指定すれば，その点における微分係数が得られる。また，7 点のデータに対する 4 次の多項式の係数も示される。

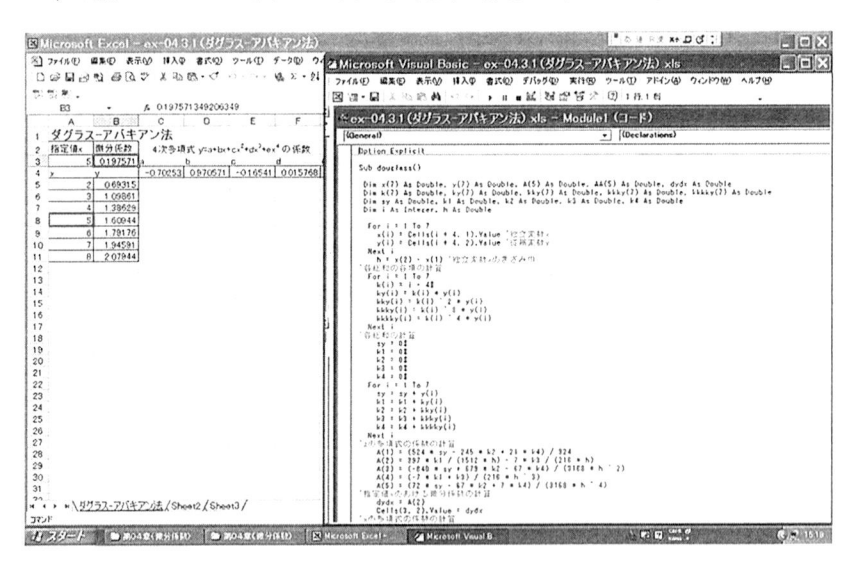

図 4.3.1　ダグラス・アバキアン法「ex-04.3.1」

> ## クリック
>
> 　［例題 4.4］の数表は自然対数表から抜粋したものであって，y の値は $\log x$ である。$\log x$ の導関数は $1/x$ であるから，$x=5$ における微分係数は 0.2（解析解）となるのに対して，ダグラス・アバキアン法では 0.197571（数値解）となる。
>
> 　ところで，数表から分かるように，真数 x が単純な正の整数であっても，$\log x$ は複雑な値をとる。その反面，$\log x$ の導関数が $1/x$ のようなごく簡単な関数の値として求められることを考えると，数学とは不思議なものだという思いがする。

問 4.3

（問 4.2）で与えられたデータの $x=0.4$ における微分係数を，ダグラス・アバキアン法で求めよ。　　　　　答　-0.44352

第4章 微分係数を求める

数学講座 ダグラス・アバキアン法の係数を求める

平行移動した7個のデータから得られる4次の相関式を次のようにおく。
$$y = a_1 + b_1 z + c_1 z^2 + d_1 z^3 + e_1 z^4 \tag{1}$$

ここで，変数 z の7つの値は，$-3h$，$-2h$，$-h$，0，h，$2h$，$3h$ であり，h の係数を k とおくと，$k = -3, -2, -1, 0, 1, 2, 3$ となる。

7個のデータ点に対する相関式(1)の**偏差の方程式**は次式で与えられる。
$$r_i = a_1 + b_1 z_i + c_1 z_i^2 + d_1 z_i^3 + e_1 z_i^4 - y_i \quad (i = 1, 2, \cdots, 7) \tag{2}$$

式(2)より**偏差の2乗和**は次のようになる。
$$f(a_1, b_1, c_1, d_1, e_1) = \sum (a_1 + b_1 z_i + c_1 z_i^2 + d_1 z_i^3 + e_1 z_i^4 - y_i)^2 \tag{3}$$

ここで，$\sum$ は $i = 1 \sim 7$ の総和である。

最小2乗法の定義に従い，式(3)の偏導関数を0とおく**正規方程式**をつくる。

$$\frac{\partial f}{\partial a_1} = 2\sum (a_1 + b_1 z_i + c_1 z_i^2 + d_1 z_i^3 + e_1 z_i^4 - y_i) = 0$$

$$\frac{\partial f}{\partial b_1} = 2\sum (a_1 + b_1 z_i + c_1 z_i^2 + d_1 z_i^3 + e_1 z_i^4 - y_i) z_i = 0$$

$$\frac{\partial f}{\partial c_1} = 2\sum (a_1 + b_1 z_i + c_1 z_i^2 + d_1 z_i^3 + e_1 z_i^4 - y_i) z_i^2 = 0 \tag{4}$$

$$\frac{\partial f}{\partial d_1} = 2\sum (a_1 + b_1 z_i + c_1 z_i^2 + d_1 z_i^3 + e_1 z_i^4 - y_i) z_i^3 = 0$$

$$\frac{\partial f}{\partial e_1} = 2\sum (a_1 + b_1 z_i + c_1 z_i^2 + d_1 z_i^3 + e_1 z_i^4 - y_i) z_i^4 = 0$$

したがって，式(4)は次式のように書き直せる。

$$\begin{aligned}
a_1 \sum 1 + b_1 \sum z_i + c_1 \sum z_i^2 + d_1 \sum z_i^3 + e_1 \sum z_i^4 &= \sum y_i \\
a_1 \sum z_i + b_1 \sum z_i^2 + c_1 \sum z_i^3 + d_1 \sum z_i^4 + e_1 \sum z_i^5 &= \sum y_i z_i \\
a_1 \sum z_i^2 + b_1 \sum z_i^3 + c_1 \sum z_i^4 + d_1 \sum z_i^5 + e_1 \sum z_i^6 &= \sum y_i z_i^2 \\
a_1 \sum z_i^3 + b_1 \sum z_i^4 + c_1 \sum z_i^5 + d_1 \sum z_i^6 + e_1 \sum z_i^7 &= \sum y_i z_i^3 \\
a_1 \sum z_i^4 + b_1 \sum z_i^5 + c_1 \sum z_i^6 + d_1 \sum z_i^7 + e_1 \sum z_i^8 &= \sum y_i z_i^4
\end{aligned} \tag{5}$$

連立方程式(5)を**クラメル法**（第2章を参照）によって解くと，a_1，b_1，c_1，d_1，

e_1 はそれぞれ次のようになる。

$$a_1 = \frac{\Delta_a}{|\boldsymbol{A}|}, \quad b_1 = \frac{\Delta_b}{|\boldsymbol{A}|}, \quad c_1 = \frac{\Delta_c}{|\boldsymbol{A}|}, \quad d_1 = \frac{\Delta_d}{|\boldsymbol{A}|}, \quad e_1 = \frac{\Delta_e}{|\boldsymbol{A}|} \quad (6)$$

ただし，$|\boldsymbol{A}|$ は連立方程式(5)の**基本行列式**であり，次式で与えられる。

$$|\boldsymbol{A}| = \begin{vmatrix} \sum 1 & \sum z_i & \sum z_i^2 & \sum z_i^3 & \sum z_i^4 \\ \sum z_i & \sum z_i^2 & \sum z_i^3 & \sum z_i^4 & \sum z_i^5 \\ \sum z_i^2 & \sum z_i^3 & \sum z_i^4 & \sum z_i^5 & \sum z_i^6 \\ \sum z_i^3 & \sum z_i^4 & \sum z_i^5 & \sum z_i^6 & \sum z_i^7 \\ \sum z_i^4 & \sum z_i^5 & \sum z_i^6 & \sum z_i^7 & \sum z_i^8 \end{vmatrix} \quad (7)$$

また，Δ_a, Δ_b, Δ_c, Δ_d, Δ_e は連立方程式(5)の**余行列式**であり，たとえば，Δ_a については次式で与えられる。

$$\Delta_a = \begin{vmatrix} \sum y_i & \sum z_i & \sum z_i^2 & \sum z_i^3 & \sum z_i^4 \\ \sum y_i z_i & \sum z_i^2 & \sum z_i^3 & \sum z_i^4 & \sum z_i^5 \\ \sum y_i z_i^2 & \sum z_i^3 & \sum z_i^4 & \sum z_i^5 & \sum z_i^6 \\ \sum y_i z_i^3 & \sum z_i^4 & \sum z_i^5 & \sum z_i^6 & \sum z_i^7 \\ \sum y_i z_i^4 & \sum z_i^5 & \sum z_i^6 & \sum z_i^7 & \sum z_i^8 \end{vmatrix} \quad (8)$$

なお，これらの行列式の各成分の値は次のとおりである。

$\sum 1 = 7$

$\sum z_i = h \sum k_i = h(-3-2-1+0+1+2+3) = 0$

$\sum z_i^2 = h^2 \sum k_i^2 = h^2(9+4+1+0+1+4+9) = 28 h^2$

$\sum z_i^3 = h^3 \sum k_i^3 = h^3(-27-8-1+0+1+8+27) = 0$

$\sum z_i^4 = h^4 \sum k_i^4 = h^4(81+16+1+0+1+16+81) = 196 h^4$

$\sum z_i^5 = h^5 \sum k_i^5 = 0$

$\sum z_i^6 = h^6 \sum k_i^6 = 1588 h^6$

$\sum z_i^7 = 0$

$\sum z_i^8 = 13636 h^8$

$\sum y_i = \sum y_i$

$\sum y_i z_i = \sum y_i h k_i = h \sum k_i y_i$

$\sum y_i z_i^2 = \sum y_i h^2 k_i^2 = h^2 \sum k_i^2 y_i$

$\sum y_i z_i^3 = h^3 \sum k_i^3 y_i$

第4章 微分係数を求める

$$\sum y_i z_i^4 = h^4 \sum k_i^4 y_i$$

これらの値を各行列式の成分に代入して行列式の値を求めれば，相関式(1)の係数を定めることができる。

一例として，係数 a_1 を定める場合を以下に示す。

基本行列式 $|\boldsymbol{A}|$ は，式(7)から出発して次のように求められる。

$$|\boldsymbol{A}| = \begin{vmatrix} 7 & 0 & 28h^2 & 0 & 196h^4 \\ 0 & 28h^2 & 0 & 196h^4 & 0 \\ 28h^2 & 0 & 196h^4 & 0 & 1588h^6 \\ 0 & 196h^4 & 0 & 1588h^6 & 0 \\ 196h^4 & 0 & 1588h^6 & 0 & 13636h^8 \end{vmatrix}$$

$$= \begin{vmatrix} 7 & 0 & 28h^2 & 0 & 196h^4 \\ 0 & 28h^2 & 0 & 196h^4 & 0 \\ 0 & 0 & 84h^4 & 0 & 804h^6 \\ 0 & 196h^4 & 0 & 1588h^6 & 0 \\ 0 & 0 & 804h^6 & 0 & 8148h^8 \end{vmatrix}$$

$$= 7 \begin{vmatrix} 28h^2 & 0 & 196h^4 & 0 \\ 0 & 84h^4 & 0 & 804h^6 \\ 196h^4 & 0 & 1588h^6 & 0 \\ 0 & 804h^6 & 0 & 8148h^8 \end{vmatrix}$$

$$= 7 \begin{vmatrix} 28h^2 & 0 & 196h^4 & 0 \\ 0 & 84h^4 & 0 & 804h^6 \\ 0 & 0 & 216h^6 & 0 \\ 0 & 804h^6 & 0 & 8148h^8 \end{vmatrix}$$

$$= (7)(28h^2) \begin{vmatrix} 84h^4 & 0 & 804h^6 \\ 0 & 216h^6 & 0 \\ 804h^6 & 0 & 8148h^8 \end{vmatrix}$$

$$= (7)(28h^2)(4h^4)(216h^6)(4h^6)(h^2) \begin{vmatrix} 21 & 0 & 201 \\ 0 & 1 & 0 \\ 201 & 0 & 2037 \end{vmatrix}$$

$$= (7)(28)(4)(216)(4)(2376)h^{20} \tag{9}$$

余行列式 $\triangle_a$ は，式(8)から出発して次のように求められる。

$$\triangle_a = \begin{vmatrix} \sum y_i & 0 & 28h^2 & 0 & 196h^4 \\ h\sum k_i y_i & 28h^2 & 0 & 196h^4 & 0 \\ h^2\sum k_i^2 y_i & 0 & 196h^4 & 0 & 1588h^6 \\ h^3\sum k_i^3 y_i & 196h^4 & 0 & 1588h^6 & 0 \\ h^4\sum k_i^4 y_i & 0 & 1588h^6 & 0 & 13636h^8 \end{vmatrix}$$

$$= \sum y_i \begin{vmatrix} 28h^2 & 0 & 196h^4 & 0 \\ 0 & 196h^4 & 0 & 1588h^6 \\ 196h^4 & 0 & 1588h^6 & 0 \\ 0 & 1588h^6 & 0 & 13636h^8 \end{vmatrix}$$

$$-h\sum k_i y_i \begin{vmatrix} 0 & 28h^2 & 0 & 196h^4 \\ 0 & 196h^4 & 0 & 1588h^6 \\ 196h^4 & 0 & 1588h^6 & 0 \\ 0 & 1588h^6 & 0 & 13636h^8 \end{vmatrix}$$

$$+h^2\sum k_i^2 y_i \begin{vmatrix} 0 & 28h^2 & 0 & 196h^4 \\ 28h^2 & 0 & 196h^4 & 0 \\ 196h^4 & 0 & 1588h^6 & 0 \\ 0 & 1588h^6 & 0 & 13636h^8 \end{vmatrix}$$

$$-h^3\sum k_i^3 y_i \begin{vmatrix} 0 & 28h^2 & 0 & 196h^4 \\ 28h^2 & 0 & 196h^4 & 0 \\ 0 & 196h^4 & 0 & 1588h^6 \\ 0 & 1588h^6 & 0 & 13636h^8 \end{vmatrix}$$

$$+h^4\sum k_i^4 y_i \begin{vmatrix} 0 & 28h^2 & 0 & 196h^4 \\ 28h^2 & 0 & 196h^4 & 0 \\ 0 & 196h^4 & 0 & 1588h^6 \\ 196h^4 & 0 & 1588h^6 & 0 \end{vmatrix} \quad (10)$$

式(10)の小行列式を求めると，(1, 1) 成分の小行列式は次のようになる。

$$\begin{vmatrix} 28\,h^2 & 0 & 196\,h^4 & 0 \\ 0 & 196\,h^4 & 0 & 1588\,h^6 \\ 196\,h^4 & 0 & 1588\,h^6 & 0 \\ 0 & 1588\,h^6 & 0 & 13636\,h^8 \end{vmatrix}$$

$$= \begin{vmatrix} 28\,h^2 & 0 & 196\,h^4 & 0 \\ 0 & 196\,h^4 & 0 & 1588\,h^6 \\ 0 & 0 & 216\,h^6 & 0 \\ 0 & 1588\,h^6 & 0 & 13636\,h^8 \end{vmatrix}$$

$$= (28\,h^2) \begin{vmatrix} 196\,h^4 & 0 & 1588\,h^6 \\ 0 & 216\,h^6 & 0 \\ 1588\,h^6 & 0 & 13636\,h^8 \end{vmatrix}$$

$$= (28\,h^2)(4\,h^4)(216\,h^6)(4\,h^6)(h^2) \begin{vmatrix} 49 & 0 & 397 \\ 0 & 1 & 0 \\ 397 & 0 & 3409 \end{vmatrix}$$

$$= (28)(4)(216)(4)(9432)h^{20} \tag{11}$$

(1, 2) 成分の小行列式は次のようになる。

$$\begin{vmatrix} 0 & 28\,h^2 & 0 & 196\,h^4 \\ 0 & 196\,h^4 & 0 & 1588\,h^6 \\ 196\,h^4 & 0 & 1588\,h^6 & 0 \\ 0 & 1588\,h^6 & 0 & 13636\,h^8 \end{vmatrix}$$

$$= (196\,h^4) \begin{vmatrix} 28\,h^2 & 0 & 196\,h^4 \\ 196\,h^4 & 0 & 1588\,h^6 \\ 1588\,h^6 & 0 & 13636\,h^8 \end{vmatrix} = 0 \tag{12}$$

(1, 3) 成分の小行列式は次のようになる。

$$\begin{vmatrix} 0 & 28\,h^2 & 0 & 196\,h^4 \\ 28\,h^2 & 0 & 196\,h^4 & 0 \\ 196\,h^4 & 0 & 1588\,h^6 & 0 \\ 0 & 1588\,h^6 & 0 & 13636\,h^8 \end{vmatrix}$$

$$= - \begin{vmatrix} 28\,h^2 & 0 & 196\,h^4 & 0 \\ 0 & 28\,h^2 & 0 & 196\,h^4 \\ 196\,h^4 & 0 & 1588\,h^6 & 0 \\ 0 & 1588\,h^6 & 0 & 13636\,h^8 \end{vmatrix}$$

$$= - \begin{vmatrix} 28\,h^2 & 0 & 196\,h^4 & 0 \\ 0 & 28\,h^2 & 0 & 196\,h^4 \\ 0 & 0 & 216\,h^6 & 0 \\ 0 & 1588\,h^6 & 0 & 13636\,h^8 \end{vmatrix}$$

$$= -(28\,h^2) \begin{vmatrix} 28\,h^2 & 0 & 196\,h^4 \\ 0 & 216\,h^6 & 0 \\ 1588\,h^6 & 0 & 13636\,h^8 \end{vmatrix}$$

$$= -(28\,h^2)(216\,h^6)(28\,h^2)(4\,h^6)(h^2) \begin{vmatrix} 1 & 0 & 7 \\ 0 & 1 & 0 \\ 397 & 0 & 3409 \end{vmatrix}$$

$$= -(28)(216)(28)(4)(630)h^{18} \tag{13}$$

(1, 4) 成分の小行列式は次のようになる。

$$\begin{vmatrix} 0 & 28\,h^2 & 0 & 196\,h^4 \\ 28\,h^2 & 0 & 196\,h^4 & 0 \\ 0 & 196\,h^4 & 0 & 1588\,h^6 \\ 0 & 1588\,h^6 & 0 & 13636\,h^8 \end{vmatrix}$$

$$= -(28\,h^2) \begin{vmatrix} 28\,h^2 & 0 & 196\,h^4 \\ 196\,h^4 & 0 & 1588\,h^6 \\ 1588\,h^6 & 0 & 13636\,h^8 \end{vmatrix} = 0 \tag{14}$$

(1, 5) 成分の小行列式は次のようになる。

$$\begin{vmatrix} 0 & 28\,h^2 & 0 & 196\,h^4 \\ 28\,h^2 & 0 & 196\,h^4 & 0 \\ 0 & 196\,h^4 & 0 & 1588\,h^6 \\ 196\,h^4 & 0 & 1588\,h^6 & 0 \end{vmatrix}$$

第4章 微分係数を求める

$$= -\begin{vmatrix} 28h^2 & 0 & 196h^4 & 0 \\ 0 & 28h^2 & 0 & 196h^4 \\ 0 & 196h^4 & 0 & 1588h^6 \\ 196h^4 & 0 & 1588h^6 & 0 \end{vmatrix}$$

$$= -\begin{vmatrix} 28h^2 & 0 & 196h^4 & 0 \\ 0 & 28h^2 & 0 & 196h^4 \\ 0 & 196h^4 & 0 & 1588h^6 \\ 0 & 0 & 216h^6 & 0 \end{vmatrix}$$

$$= -(28h^2)\begin{vmatrix} 28h^2 & 0 & 196h^4 \\ 196h^4 & 0 & 1588h^6 \\ 0 & 216h^6 & 0 \end{vmatrix}$$

$$= -(28h^2)(216h^6)\begin{vmatrix} 28h^2 & 0 & 196h^4 \\ 0 & 0 & 216h^6 \\ 0 & 1 & 0 \end{vmatrix}$$

$$= -(28h^2)(216h^6)(28h^2)\begin{vmatrix} 0 & 216h^6 \\ 1 & 0 \end{vmatrix}$$

$$= (28)(216)(28)(216)h^{16} \tag{15}$$

式(11)～式(15)の値を式(10)に代入すると，

$$\Delta_a = (28)(4)(216)(4)(9432)h^{20}\sum y_i - (28)(216)(28)(4)(630)h^{20}\sum k_i^2 y_i$$
$$+ (28)(216)(28)(216)h^{20}\sum k_i^4 y_i \tag{16}$$

式(9)と式(16)より，ダグラス・アバキアン法の係数 a_1 は次のようになる。

$$a_1 = \frac{\Delta_a}{|\boldsymbol{A}|} = \frac{524\sum y_i - 245\sum k_i^2 y_i + 21\sum k_i^4 y_i}{924}$$

係数 b_1, c_1, d_1, e_1 についても，少し面倒ではあるが，a_1 と同じような進め方で求めることができる。

第5章
定積分を求める

『乙類焼酎を単蒸留でつくりたい。エタノール-水系の気液平衡データがあるので，このデータを用いて留出する焼酎の量とアルコール濃度の関係を前もって知りたいがどうすればよいか』——それには，単蒸留の式（レイリー（Rayleigh）の式という）に従って気液平衡データを変換し，それを**数値積分**すればよい。

数値積分とは"被積分関数 $y=f(x)$ の形が明らかであるか，被積分関数の数値表が与えられているとき，その関数の**定積分**を数値的に求めること"であり，一般的には，数値微分と同じ要領で被積分関数を**補間式**に置きかえて，これを積分すれば目的の定積分が求められる。その他，"定積分は被積分関数の値の加重平均に比例する"と考える方法もある。

5.1 数値積分の補間式

ニュートンの前進形補間式を用いる場合の**数値積分の補間式**を導く。
ニュートンの前進形補間式は何度も述べるが，次式(1)で表される。

$$y = y_0 + p\Delta^1 y_0 + \frac{p(p-1)}{2!}\Delta^2 y_0 + \frac{p(p-1)(p-2)}{3!}\Delta^3 y_0$$
$$+ \frac{p(p-1)(p-2)(p-3)}{4!}\Delta^4 y_0 + \cdots$$
$$+ \frac{p(p-1)(p-2)(p-3)\cdots(p-n+1)}{n!}\Delta^n y_0 \qquad (1)$$

ただし，$\dfrac{x-x_0}{h}=p$ であり，$h=x_i-x_{i-1}$ $(i=1,2,\cdots,n)$ (2)

式(2)より，$x=x_0+hp$ であるから $dx=h\,dp$ (3)

また，積分範囲は $x=x_0 \to x_0+nh$ のとき $p=0 \to n$ となる。

したがって，式(1)両辺の定積分は次式となる。

$$\int_{x_0}^{x_0+nh} y\,dx = h\int_0^n \left\{ y_0 + p\Delta^1 y_0 + \frac{p(p-1)}{2!}\Delta^2 y_0 \right.$$

$$+ \frac{p(p-1)(p-2)}{3!}\Delta^3 y_0 + \frac{p(p-1)(p-2)(p-3)}{4!}\Delta^4 y_0$$

$$+ \frac{p(p-1)(p-2)(p-3)(p-4)}{5!}\Delta^5 y_0$$

$$\left. + \frac{p(p-1)(p-2)(p-3)(p-4)(p-5)}{6!}\Delta^6 y_0 + \cdots \right\} dp$$

(4)

式(4)右辺の定積分を計算して整理すると，

$$\int_{x_0}^{x_0+nh} y\,dx = h\left\{ ny_0 + \frac{n^2}{2}\Delta^1 y_0 + \left(\frac{n^3}{3} - \frac{n^2}{2}\right)\frac{1}{2!}\Delta^2 y_0 \right.$$

$$+ \left(\frac{n^4}{4} - n^3 + n^2\right)\frac{1}{3!}\Delta^3 y_0$$

$$+ \left(\frac{n^5}{5} - \frac{3n^4}{2} + \frac{11n^3}{3} - 3n^2\right)\frac{1}{4!}\Delta^4 y_0$$

$$+ \left(\frac{n^6}{6} - 2n^5 + \frac{35n^4}{4} - \frac{50n^3}{3} + 12n^2\right)\frac{1}{5!}\Delta^5 y_0$$

$$+ \left(\frac{n^7}{7} - \frac{15n^6}{6} + 17n^5 - \frac{225n^4}{4} + \frac{274n^3}{3}\right.$$

$$\left.\left. - 60n^2\right)\frac{1}{6!}\Delta^6 y_0 + \cdots \right\}$$

(5)

式(5)がニュートンの前進形補間式を用いた場合の**数値積分の補間式**である。式(5)で $n=1$, 2, …，と置けば，いろいろな**数値積分の公式**が得られる。

5.2 台形法

ニュートンの前進形補間式による数値積分の補間式で **$n=1$** と置いて，第2階差以降を無視すると次式が得られる。

5.2 台形法

$$\int_{x_0}^{x_0+h} y\,dx = h\left(y_0 + \frac{1}{2}\Delta^1 y_0\right) = h\left\{y_0 + \frac{1}{2}(y_1 - y_0)\right\} = \frac{h}{2}(y_0 + y_1)$$

(1)

ここで，積分範囲を順次，$x_1 \sim x_1+h$，$x_2 \sim x_2+h$，…，$x_{n-1} \sim x_{n-1}+h = x_n$ とすると，式(1)は次のように表される。

$$\int_{x_1}^{x_1+h} y\,dx = \frac{h}{2}(y_1 + y_2)$$

(2)

$$\int_{x_2}^{x_2+h} y\,dx = \frac{h}{2}(y_2 + y_3)$$

(3)

…………

$$\int_{x_{n-1}}^{x_{n-1}+h} y\,dx = \frac{h}{2}(y_{n-1} + y_n)$$

(4)

式(1)～式(4)の辺々を加えると次式(5)の**台形公式**が得られ，この公式を用いる数値積分を**台形法**という。

$$\int_{x_0}^{x_n} y\,dx = \frac{h}{2}\{y_0 + 2(y_1 + y_2 + \cdots + y_{n-1}) + y_n\} = \frac{h}{2}\left(y_0 + 2\sum_{i=1}^{n-1} y_i + y_n\right)$$

(5)

台形法を図形的に眺めてみる（**図5.1**）。台形法は関数 $y = f(x)$ を区間 $[x_0, x_n]$ で n 等分し，与えられた関数を**折れ線近似**して x 軸と折れ線とでつくられた n 個の**台形の面積**（S_i）を総和するものである。

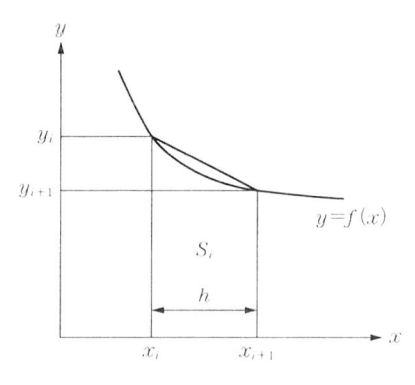

図5.1 台形法

第5章 定積分を求める

例題 5.1

下表のデータがある。

x	0.20	0.30	0.40
$1/(y-x)$	2.64	2.74	3.04

積分区間を2等分して，定積分 $\displaystyle\int_{0.2}^{0.4} \frac{1}{y-x}\,dx$ の値を台形法によって求めよ。

解

$$\int_{0.2}^{0.4} \frac{1}{y-x}\,dx = \frac{0.1}{2}(2.64+2\times 2.74+3.04) = 0.558 \quad \text{答}$$

例題 5.2

区間 $[1, 2]$ を10等分して，定積分 $\displaystyle\int_{1}^{2} \frac{1}{x}\,dx$ の値を台形法によって求めよ。

解

Excel ファイル「ex-05.2.1」を開いてみよ。

ナビ

Excel ファイル「ex-05.2.1」は台形法の Excel シートと VBA プログラムである（図5.2.1）。関数から求めるか，数表を用いて求めるかを指定し，積分の上下端値と分割数を入力すれば，希望する定積分の値が得られる。ただし，関数による場合はプログラムの［Function］に被積分関数の関数形を入力し，数表による場合はシートにデータを入力する必要がある。なお，Excel ファイル「ex-05.2.1」には例として，関数 $1/x$ と $1/x$ の数値表の両方を入力してある。

5.2 台形法

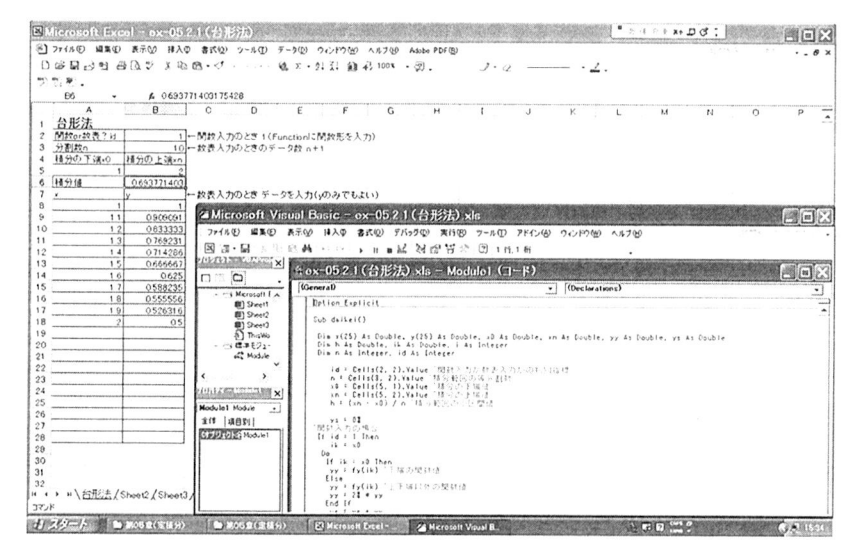

図 5.2.1 台形法「ex-05.2.1」

クリック

$1/x$ の不定積分は $\log x$ である。したがって，$1/x$ の区間 $[1, 2]$ における定積分は $\log 2 = 0.69314718\cdots$ となる。台形法で求めた値を真値と比較してもらいたい。

問 5.1

区間 $[0, 1]$ を 10 等分して，次の定積分の値を台形法によって求めよ（真値は 0.383333）。　　　　　　　　　　　　　　　答　0.371695

$$\int_0^1 (1-x+2\,x^2-3\,x^3+4\,x^4-5\,x^5)dx$$

第 5 章　定積分を求める

問 5.2

下表のデータ（(問 5.1) で与えられた被積分関数を数値化したデータ）がある。

x	0	0.1	0.2	0.3	0.4	0.5	0.6	0.7	0.8	0.9	1
y	1	0.91735	0.8608	0.81925	0.7792	0.71875	0.6016	0.37105	-0.056	-0.79505	-2

積分区間を 10 等分して，$\int_0^1 y\,dx$ の値を台形法で求めよ。

答　0.371695

5.3　シンプソン法

ニュートンの前進形補間式による数値積分の補間式で $n=2$ と置いて，第 3 階差以降を無視すると次式が得られる。

$$\int_{x_0}^{x_0+2h} y\,dx = h\left\{2y_0 + 2\Delta^1 y_0 + \left(\frac{8}{3}-2\right)\frac{1}{2}\Delta^2 y_0\right\}$$

$$= h\left\{2y_0 + 2y_1 - 2y_0 + \frac{1}{3}(y_2 - 2y_1 + y_0)\right\} = \frac{h}{3}(y_0 + 4y_1 + y_2)$$

(1)

積分範囲を順次 $x_2 \sim x_2+2h$，$x_4 \sim x_4+2h$，…，$x_{n-2} \sim x_{n-2}+2h = x_n$ とすると，

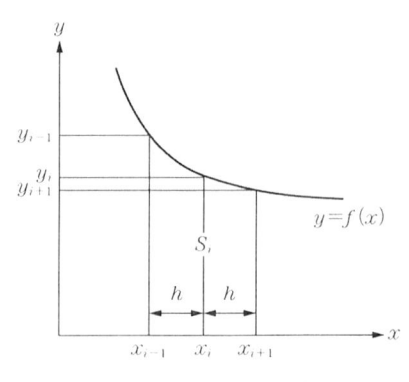

図 5.2　シンプソン法

式(1)は次のように表される。

$$\int_{x_2}^{x_2+2h} y\,dx = \frac{h}{3}(y_2+4y_3+y_1) \tag{2}$$

$$\int_{x_4}^{x_4+2h} y\,dx = \frac{h}{3}(y_4+4y_5+y_6) \tag{3}$$

…………

$$\int_{x_{n-2}}^{x_{n-2}+2h} y\,dx = \frac{h}{3}(y_{n-2}+4y_{n-1}+y_n) \tag{4}$$

式(1)～式(4)の辺々を加えると次式(5)の**シンプソン（Simpson）の公式**が得られる。この公式を用いる数値積分を**シンプソン法**という。

$$\int_{x_0}^{x_n} y\,dx = \frac{h}{3}\{y_0+4(y_1+y_3+y_5+\cdots+y_{n-1})$$
$$+2(y_2+y_4+y_6+\cdots+y_{n-2})+y_n\}$$
$$= \frac{h}{3}\left(y_0+4\sum_{i=1}^{n/2} y_{2i-1}+2\sum_{i=1}^{n/2} y_{2i}+y_n\right) \tag{5}$$

シンプソン法を図形的に眺めてみる（**図5.2**）。シンプソン法は関数 $y=f(x)$ を区間 $[x_0, x_n]$ で $2n$ 等分し，隣り合う3つの点上の曲線（関数）を放物線で近似して x 軸と放物線とでつくられた n 個の面積（S_i）を総和するものである。

例題 5.3

シンプソン法を用いて次の定積分の値を求めよ。

$$\int_{-1}^{1} \sqrt{1-x^2}\,dx \quad \text{ただし，}\; y=\sqrt{1-x^2}\;\text{の値は下表のとおりである。}$$

x	y	x	y	x	y	x	y
-1.0	0	-0.4	0.91652	0.2	0.97980	0.8	0.60000
-0.9	0.43589	-0.3	0.95394	0.3	0.95394	0.9	0.43589
-0.8	0.60000	-0.2	0.97980	0.4	0.91652	1.0	0
-0.7	0.71414	-0.1	0.99499	0.5	0.86603		
-0.6	0.80000	0	1.00000	0.6	0.80000		
-0.5	0.86603	0.1	0.99499	0.7	0.71414		

第5章　定積分を求める

解

Excelファイル「ex-05.3.1」を開いてみよ。

被積分関数は半径1の円の上部を表している。したがって，定積分の真値は上半円の面積（$\pi/2=1.57080\cdots$）である。

ナビ

Excelファイル「ex-05.3.1」はシンプソン法のExcelシートとVBAプログラムである（図5.3.1）。台形法の場合と同じように，関数から求めるか，数表を用いて求めるかを指定し，積分の上下端値と分割数（$n/2$）を入力すれば，希望する定積分の値が得られる。

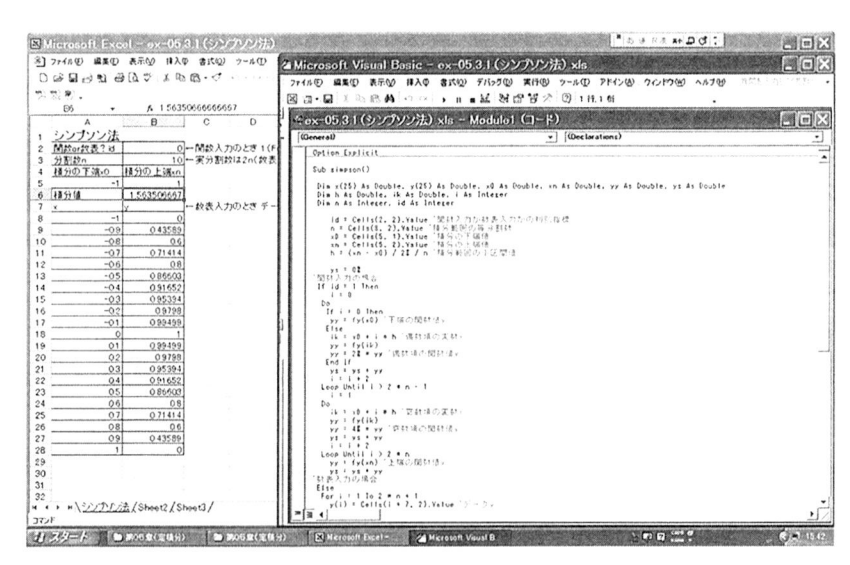

図5.3.1　シンプソン法「ex-05.3.1」

問 5.3

区間 $[0, 1]$ を 10 等分して，次の定積分の値をシンプソン法によって求めよ（真値は 0.383333）。

$$\int_0^1 (1-x+2x^2-3x^3+4x^4-5x^5)\,dx$$

答 0.38322

問 5.4

（問 5.2）で与えられたデータを用いて，次の定積分の値をシンプソン法によって求めよ。ただし，積分区間を 10 等分せよ。

$$\int_0^1 y\,dx$$

答 0.38322

クリック

ニュートンの前進形補間式による**数値積分の補間式**（第 5.1 節の式(5)）において，$n=1$ と置いて第 2 階差以降を無視すると台形公式が得られ，$n=2$ と置いて第 3 階差以降を無視すると，シンプソンの公式が導かれることを理解したと思う。

では，$n=6$ と置いて（第 7 階差以降を無視して）みることにしよう。そうすると，次式が得られる。

$$\int_{x_0}^{x_0+6h} y\,dx = h\Big(6y_0 + 18\varDelta^1 y_0 + 27\varDelta^2 y_0 + 24\varDelta^3 y_0$$

$$+ \frac{123}{10}\varDelta^4 y_0 + \frac{33}{10}\varDelta^5 y_0 + \frac{41}{140}\varDelta^6 y_0\Big) \qquad (\text{a})$$

式(a)において，$\varDelta^6 y_0$ の係数 41/140 は，42/140−41/140＝1/140 より 42/140（＝3/10）とは 1/140 しか違わない。そこで，$(1/140)\varDelta^6 y_0$ の誤差は無視できるものとして，$\varDelta^6 y_0$ の係数を 3/10 とおくと，式(a)は次式の

ようになる。

$$\int_{x_0}^{x_0+6h} y\,dx = h\left(6\,y_0 + 18\Delta^1 y_0 + 27\Delta^2 y_0 + 24\Delta^3 y_0 \right.$$
$$\left. + \frac{123}{10}\Delta^4 y_0 + \frac{33}{10}\Delta^5 y_0 + \frac{3}{10}\Delta^6 y_0 \right) \quad (\text{b})$$

ここで，式(b)右辺の各階差はそれぞれ次式で与えられる。

$\Delta^1 y_0 = y_1 - y_0$

$\Delta^2 y_0 = \Delta^1 y_1 - \Delta^1 y_0 = y_2 - 2\,y_1 + y_0$

$\Delta^3 y_0 = \Delta^2 y_1 - \Delta^2 y_0 = y_3 - 3\,y_2 + 3\,y_1 - y_0$

$\Delta^4 y_0 = \Delta^3 y_1 - \Delta^3 y_0 = y_4 - 4\,y_3 + 6\,y_2 - 4\,y_1 + y_0$

$\Delta^5 y_0 = \Delta^4 y_1 - \Delta^4 y_0 = y_5 - 5\,y_4 + 10\,y_3 - 10\,y_2 + 5\,y_1 - y_0$

$\Delta^6 y_0 = \Delta^5 y_1 - \Delta^5 y_0 = y_6 - 6\,y_5 + 15\,y_4 - 20\,y_3 + 15\,y_2 - 6\,y_1 + y_0$

これらを式(b)に代入して整理すると，次式が得られる。

$$\int_{x_0}^{x_0+6h} y\,dx = \frac{3\,h}{10}(y_0 + 5\,y_1 + y_2 + 6\,y_3 + y_4 + 5\,y_5 + y_6) \quad (\text{c})$$

同様に，次の6区間に対しては次式が得られる。

$$\int_{x_6}^{x_6+6h} y\,dx = \frac{3\,h}{10}(y_6 + 5\,y_7 + y_8 + 6\,y_9 + y_{10} + 5\,y_{11} + y_{12}) \quad (\text{d})$$

このように積分を順次行っていくと，n が6の倍数のときには，次式(e)が得られる。これを**ウエドル（Weddle）の公式**（数値積分の**ウエドル法**）という。

$$\int_{x_0}^{x_0+nh} y\,dx = \frac{3\,h}{10}(y_0 + 5\,y_1 + y_2 + 6\,y_3 + y_4 + 5\,y_5 + 2\,y_6$$
$$+ 5\,y_7 + y_8 + 6\,y_9 + y_{10} + 5\,y_{11} + 2\,y_{12} + \cdots$$
$$+ 2\,y_{n-6} + 5\,y_{n-5} + y_{n-4} + 6\,y_{n-3} + y_{n-2}$$
$$+ 5\,y_{n-1} + y_n) \quad (\text{e})$$

ウエドル法はシンプソン法よりも正確な定積分の値を与えるが，積分範囲を6の倍数で分割しなければならないのが欠点であり，たとえば，積分範囲が10の倍数で等分してあるような場合には，この方法は使えない。

5.4 ガウス法

　グラフの曲率が非常に大きいか，あるいは関数が複雑なときに台形法やシンプソン法を用いようとすると，小区間をさらに多くの小区間に分割しなければならなくなって計算がたいへん面倒になる。このような場合には，**ガウス法**が有効である。

　ガウス法とは"グラフ上にプロットした曲線が $2n-1$ 次の**多項式**で表すことができるとしたとき，n 個のデータを用いて定められた積分範囲の定積分を高精度で行う方法"である。ここでは，定められた積分範囲において，多項式が次の5次式で表される場合を説明する。

$$y = a_0 + a_1 x + a_2 x^2 + a_3 x^3 + a_4 x^4 + a_5 x^5 \tag{1}$$

積分範囲を $x = a \sim b$ とし，その間を次のように**変数変換**する。

$$x = \frac{a+b}{2} + \frac{b-a}{2} z \tag{2}$$

そうすると，$x = a \to b$ のとき $z = -1 \to 1$ となり，$dx = \dfrac{b-a}{2} dz$ であるから，求める定積分は次のようになる。

$$\int_a^b y\, dx = \frac{b-a}{2} \int_{-1}^{1} y\, dz = N(b-a) \tag{3}$$

ここで，N は区間 $[a, b]$ における y の**平均値**であり，次のように求める。

　y は式(1)のように x の5次式で表されるとしたから，式(2)の変数変換によって，z の5次式として表される。

$$y = a_0^1 + a_1^1 z + a_2^1 z^2 + a_3^1 z^3 + a_4^1 z^4 + a_5^1 z^5 \tag{4}$$

式(4)を区間 $[-1, 1]$ において定積分し，それを式(3)に代入して整理すると N は次式のようになる。

$$N = a_0^1 + \frac{a_2^1}{3} + \frac{a_1^1}{5} \tag{5}$$

　この N が，x 軸上の3つの点 z_1, z_2, z_3 に対応する y_1, y_2, y_3 の値と，3つの定数 K_1, K_2, K_3 を用いて次式のように表すことができるとする。

第5章 定積分を求める

$$N = K_1 y_1 + K_2 y_2 + K_3 y_3 \tag{6}$$

そうすると，式(4)の関係を用いて，式(6)は次式で表すことができる。

$$\begin{aligned}
N &= K_1(a_0^1 + a_1^1 z_1 + a_2^1 z_1^2 + a_3^1 z_1^3 + a_4^1 z_1^4 + a_5^1 z_1^5) \\
&+ K_2(a_0^1 + a_1^1 z_2 + a_2^1 z_2^2 + a_3^1 z_2^3 + a_4^1 z_2^4 + a_5^1 z_2^5) \\
&+ K_3(a_0^1 + a_1^1 z_3 + a_2^1 z_3^2 + a_3^1 z_3^3 + a_4^1 z_3^4 + a_5^1 z_3^5) \\
&= a_0^1(K_1 + K_2 + K_3) + a_1^1(K_1 z_1 + K_2 z_2 + K_3 z_3) + a_2^1(K_1 z_1^2 + K_2 z_2^2 + K_3 z_3^2) \\
&+ a_3^1(K_1 z_1^3 + K_2 z_2^3 + K_3 z_3^3) + a_4^1(K_1 z_1^4 + K_2 z_2^4 + K_3 z_3^4) \\
&+ a_5^1(K_1 z_1^5 + K_2 z_2^5 + K_3 z_3^5) \tag{7}
\end{aligned}$$

もし，式(6)の表現が正しければ，式(7)は式(5)と一致しなければならないから，次の関係が成り立つ。

$$K_1 + K_2 + K_3 = 1 \tag{8}$$
$$K_1 z_1 + K_2 z_2 + K_3 z_3 = 0 \tag{9}$$
$$K_1 z_1^2 + K_2 z_2^2 + K_3 z_3^2 = 1/3 \tag{10}$$
$$K_1 z_1^3 + K_2 z_2^3 + K_3 z_3^3 = 0 \tag{11}$$
$$K_1 z_1^4 + K_2 z_2^4 + K_3 z_3^4 = 1/5 \tag{12}$$
$$K_1 z_1^5 + K_2 z_2^5 + K_3 z_3^5 = 0 \tag{13}$$

式(8)～(13)の連立方程式を K_1, K_2, K_3, z_1, z_2, z_3 について解くと，それぞれ次のような値になる（求め方については，章末の【数学講座】を参照）。

$$K_1 = K_3 = 5/18, \quad K_2 = 4/9 \tag{14}$$
$$z_1 = -\sqrt{3/5} = -0.7746, \quad z_2 = 0, \quad z_3 = \sqrt{3/5} = 0.7746 \tag{15}$$

これらの z の値（あるいは，z の値から式(2)によって定まる x の値）に対応する y の値 y_1, y_2, y_3 に，それぞれ K_1, K_2, K_3 をかけて足し合わせば，式(6)から y の平均値 N が計算される。その結果，求める定積分は式(3)より平均値 N と区間 $(b-a)$ の積として算出される。

例題 5.4

5次の多項式 $y = 10 + x - x^2 + x^3 - x^4 + x^5$ がある。$x = 0 \sim 2$ の範囲における次の定積分をガウス法によって求めよ（解析値は 27.6）。

$$\int_0^2 (10+x-x^2+x^3-x^4+x^5)dx$$

解

式(2)に従って変数変換すると，式(15)より次のようになる。

$z=-1$　　　のとき　　$x=0$
$z=-0.7746$ のとき　　$x=1-0.7746=0.2254$
$z=0$　　　のとき　　$x=1$
$z=0.7746$　のとき　　$x=1.7746$
$z=1$　　　のとき　　$x=2$

また，$z_1 \sim z_3$ に対応する $x_1 \sim x_3$ の値を上の5次の多項式に代入して得られた値を $y_1 \sim y_3$ とすると，

$z_1=-0.7746(x_1=0.2254)$ のとき　　$y_1=10.18$
$z_2=0(x_2=1)$　　　　　　のとき　　$y_2=11$
$z_3=0.7746(x_3=1.7746)$　のとき　　$y_3=21.9$

$y_1 \sim y_3$ とこれらの値に対応する $K_1 \sim K_3$ の値を式(6)に代入して平均値 N を求めると，

$$N=\frac{5}{18}\times 10.18+\frac{4}{9}\times 11+\frac{5}{18}\times 21.9=13.8$$

したがって，求める定積分は式(3)より，

$N(b-a)=13.8\times(2-0)=27.6$　　**答**

クリック

ここでの説明は，$n=3$ すなわち5次の多項式を想定したときのガウス法の定数（K_i, z_i）の求め方と，その定数を用いる定積分の計算であった。同じように，3次の多項式（$n=2$），7次の多項式（$n=4$），9次の多項式（$n=5$），…，を想定してもガウス法の定数が求められ，これらの定数を用いて定積分の計算ができる。$n=3$ の場合を含めてガウス法の定数を示すと次のようになる。

工学の多くの場合は $n=4$, 5で十分な精度が得られるが, $n=3$ で間に合う場合がほとんどである。

n	2	3	4	5
K_1	1/2=0.5000	5/18=0.2778	0.1739	0.118463
K_2	1/2=0.5000	4/9=0.4444	0.3261	0.239314
K_3		5/18=0.2778	0.3261	0.284444
K_4			0.1739	0.239314
K_5				0.118463
z_1	$-(1/3)^{1/2}=-0.5774$	$-(3/5)^{1/2}=-0.7746$	-0.8611	-0.906180
z_2	$(1/3)^{1/2}=0.5774$	0	-0.3400	-0.538469
z_3		$(3/5)^{1/2}=0.7746$	0.3400	0
z_4			0.8611	0.538469
z_5				0.906180

（平田光穂ほか著,「パソコンによる数値計算」, 朝倉書店（1982）より改変）

例題 5.5

定積分 $\int_1^2 \frac{1}{x} dx$ をガウス法によって求めよ。ただし, $n=3$ とせよ。

解

Excel ファイル「ex–05.4.1」を開いてみよ。

ナビ

　Excel ファイル「ex–05.4.1」は**ガウス法の Excel シートと VBA プログラムである**（図 5.4.1）。ガウス法の定数の数, ガウス法の定数の値, 積分の上下端値を入力すれば, 目的の定積分の値が得られる。ただし, プログラムの [Function] に被積分関数の関数形を入力しなければならない。

5.4 ガウス法

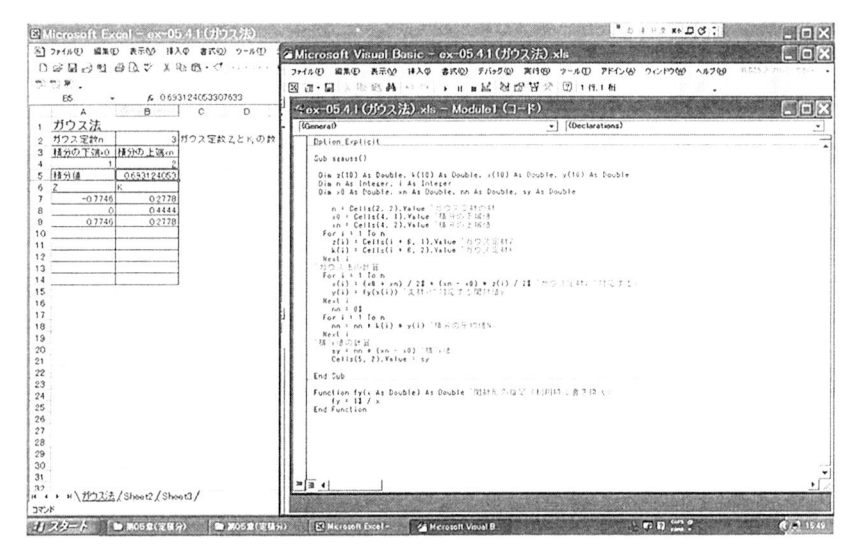

図 5.4.1　ガウス法「ex-05.4.1」

問 5.5

次の定積分の値をガウス法によって求めよ。ただし，$n=2$, 3, 4, 5 とせよ（真値は 0.383333）。

$$\int_0^1 (1-x+2x^2-3x^3+4x^4-5x^5)dx$$

> 答　$n=2$ のとき 0.430496，$n=3$ のとき 0.383303
> 　　$n=4$ のとき 0.383398，$n=5$ のとき 0.383333

第5章 定積分を求める

数学講座　ガウス法の定数を求める

グラフ上にプロットした曲線を **5次多項式** で表したときのガウス法の定数 K_1, K_2, K_3 と z_1, z_2, z_3 を求めることにしよう。それには，次の連立方程式を解けばよい。

$$K_1+K_2+K_3=1 \qquad (1)$$
$$K_1 z_1+K_2 z_2+K_3 z_3=0 \qquad (2)$$
$$K_1 z_1^2+K_2 z_2^2+K_3 z_3^2=1/3 \qquad (3)$$
$$K_1 z_1^3+K_2 z_2^3+K_3 z_3^3=0 \qquad (4)$$
$$K_1 z_1^4+K_2 z_2^4+K_3 z_3^4=1/5 \qquad (5)$$
$$K_1 z_1^5+K_2 z_2^5+K_3 z_3^5=0 \qquad (6)$$

この連立方程式を解くにあたって，まず，定数（未知数）K_1, K_2, K_3, z_1, z_2, z_3 に対する **制約条件** を考察する（詳細は線形代数学の書に譲る）。①式(1)から明らかなように，K_1, K_2, K_3 のすべてが0となってはならない。そのため，②式(2)，式(4)，式(6)からなる K_1, K_2, K_3 を未知数と考えたときの連立方程式（**斉次連立方程式** という）の **係数行列式** は0でなければならない。また，③式(1)，式(3)，式(5)からなる K_1, K_2, K_3 を未知数と考えたときの連立方程式の係数行列式は0であってはならない。すなわち，

②より $\begin{vmatrix} z_1 & z_2 & z_3 \\ z_1^3 & z_2^3 & z_3^3 \\ z_1^5 & z_2^5 & z_3^5 \end{vmatrix} = z_1 z_2 z_3 (z_1^2-z_2^2)(z_2^2-z_3^2)(z_3^2-z_1^2)=0 \qquad (7)$

③より $\begin{vmatrix} 1 & 1 & 1 \\ z_1^2 & z_2^2 & z_3^2 \\ z_1^4 & z_2^4 & z_3^4 \end{vmatrix} = (z_1^2-z_2^2)(z_2^2-z_3^2)(z_3^2-z_1^2) \neq 0 \qquad (8)$

式(7)と式(8)より，z_1, z_2, z_3 の3つすべて，どれか2つあるいは1つのみが0となるケースが考えられるが，④式(3)から明らかなように，$z_1=z_2=z_3=0$ はあり得ない。また，⑤どれか2つが0（たとえば，$z_1=z_2=0$, $z_3 \neq 0$）とすると，式(2)と式(3)より $K_3 z_3=0$ かつ $K_3 z_3^2=1/3$ となって不合理である。したがって，⑥定数 z_1, z_2, z_3 のうち，1つのみが0とならなければならない（どの定数を0

とみなしてもよいが，ここでは$z_2=0$とする）。すなわち，

$$⑥より \quad z_1 \neq 0, \ z_2=0, \ z_3 \neq 0 \tag{9}$$

$z_2=0$とすると，式(2)と式(4)は次のようになる。

$$K_1 z_1 + K_3 z_3 = 0 \tag{10}$$
$$K_1 z_1^3 + K_3 z_3^3 = 0 \tag{11}$$

式(10)と式(11)からなる連立方程式が$K_1=K_3=0$以外の解を持つ条件は，⑦この斉次連立方程式の係数行列式が0となることである。すなわち，

$$⑦より \quad \begin{vmatrix} z_1 & z_3 \\ z_1^3 & z_3^3 \end{vmatrix} = z_1 z_3 (z_3+z_1)(z_3-z_1) = 0 \tag{12}$$

ここで，$z_3=z_1$とすると，式(2)と式(3)より，$(K_1+K_3)z_1=0$かつ$(K_1+K_3)z_1^2=1/3$となって不合理である。したがって，式(9)と式(12)より，

$$z_3 = -z_1 \tag{13}$$

$z_2=0$，$z_3=-z_1$の関係を式(3)と式(5)に代入すると，

$$K_1 z_1^2 + K_3 z_1^2 = 1/3 \tag{14}$$
$$K_1 z_1^4 + K_3 z_1^4 = 1/5 \tag{15}$$

式(14)と式(15)より，z_1を求めると$z_1^2=3/5$となる。

よって，$z_1=\sqrt{\dfrac{3}{5}}, \ z_3=-\sqrt{\dfrac{3}{5}}$ または，$z_1=-\sqrt{\dfrac{3}{5}}, \ z_3=\sqrt{\dfrac{3}{5}}$

$$\tag{16}$$

式(13)の関係より，式(16)のどちらか一方をとればよいので，

$$z_1 = -\sqrt{\dfrac{3}{5}}, \ z_3 = +\sqrt{\dfrac{3}{5}} \tag{17}$$

$z_2=0$，$z_3=-z_1 \neq 0$の関係を式(2)に代入すると，$(K_1-K_3)z_1=0$より，

$$K_1 = K_3 \tag{18}$$

式(16)と式(18)の関係を式(3)に代入すると，

$$K_1 = \dfrac{5}{18} \tag{19}$$

式(19)と式(18)の関係を式(1)に代入すると，

$$K_2 = \dfrac{4}{9} \tag{20}$$

以上より,ガウス法の定数 K_1, K_2, K_3 と z_1, z_2, z_3 の値をまとめて示すと,次のようになる。

$$K_1=K_3=\frac{5}{18},\quad K_2=\frac{4}{9},\quad z_1=-\sqrt{\frac{3}{5}},\quad z_2=0,\quad z_3=\sqrt{\frac{3}{5}}$$

第6章
1変数方程式を解く

『溶液を構成している純物質の蒸気圧式(たとえば,アントワン(Antoine)式)が分かっているとき,この溶液の沸点を知るにはどうすればよいか』——それには,溶液の沸点を表す式をつくり**試行錯誤**で解(沸点)を求めればよい.

1変数方程式 $f(x)=0$ の**数値解**を求めるには,①式の形やその挙動を調べ,②実数 x の変化に伴う**連続関数** $f(x)$ の変化を知り,③**実数解**の有無や解の存在範囲などを把握する必要がある.さらに,④区間 (a, b) に少なくとも1つの実数解が存在する条件は $f(a) \cdot f(b) < 0$(**中間値の定理**という)なので,この条件にかなう変数 x の範囲を前もって知ることも大切である.

6.1 はさみうち法

まず,1変数方程式 $f(x)=0$ の解をはさむ2つの x の値 x_L,x_U($x_L < x_U$)を定め,区間 $[x_L, x_U]$ を $|f(x_L)|/|f(x_U)|$ の比に内分する値 x_1 と $f(x_1)$ を計算する.

ついで,$f(x_1)$ と符号の異なる $f(x_L)$ あるいは $f(x_U)$ を選んで,$[x_L, x_1]$ または $[x_1, x_U]$ を区間とし,その区間を上と同様の内分を行って得た x の値を次の計算に用いる.

この操作を,絶対誤差 $|x_{i+1} - x_i| < E$(E は判定値で十分に小さい正の値)になるまで繰り返せば,$x = x_{i+1}$ が $f(x) = 0$ の数値解として求まる.この方法を**はさみうち法**という(図6.1).

図から分かるように,$i+1$ 回目の x の値 x_{i+1} は初期値 x_0 と i 回目の x の値 x_i を用いて,次のように計算される.

第6章 1変数方程式を解く

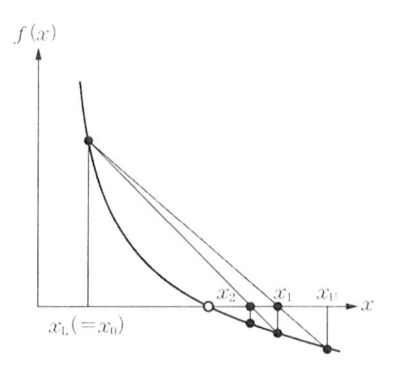

図6.1 はさみうち法

$$\frac{f(x_0)}{x_{i+1}-x_0} = \frac{f(x_i)}{x_{i+1}-x_i} \text{ であるから, } x_{i+1} = \frac{x_0 f(x_i) - x_i f(x_0)}{f(x_i) - f(x_0)} \quad (1)$$

ここで,初期値 x_0 は x_L または x_U を用いるが,$f(x_1)$ の符号と逆の符号を $f(x_L)$ または $f(x_U)$ に与えるような x_L または x_U を選べばよい。

なお,式(1)で解が得られる条件は,$x_L < x < x_U$ において $f'(x) \cdot f''(x)$ の符号が変わらない場合である。言いかえれば,関数 $f(x)$ が区間 $[x_L, x_U]$ において単調増加関数か単調減少関数かのいずれかであり,かつ変曲点を持たないことである。

例題 6.1

$f(x) = 2x - \cos x - 1 = 0$ の解を,はさみうち法によって求めよ。ただし,$x_L = 0.8$,$x_U = 0.9$ とし,判定値(許容誤差)を $E = 0.001$ とする。

解

余分なことではあるが,$f(x) = 0$ を満たす解は,曲線 $y = 2x - 1$ と $y = \cos x$ の交点の x 座標である(図6.2)。

$x = 0.8$, 0.9 のときの $f(x)$ の値は,
$$f(0.8) = -0.09671, \quad f(0.9) = 0.17839$$
ゆえに,x の第1近似 x_1 の値は式(1)より,

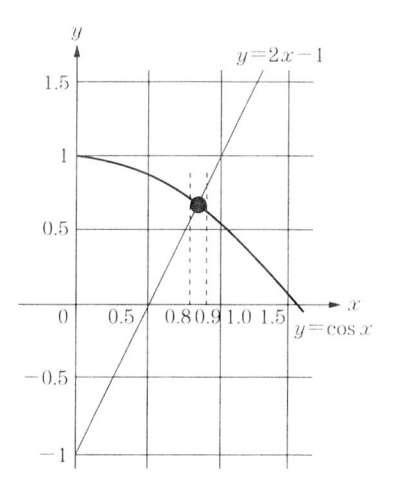

図 6.2　$2x - \cos x - 1 = 0$ の図解

$$x_1 = \frac{0.8(0.17839) - 0.9(-0.09671)}{0.17839 - (-0.09671)} = 0.8352$$

$x = 0.8352$ のときの $f(x)$ の値は，

$$f(0.8352) = -0.00118$$

ゆえに，x の第 2 近似 x_2 の値は式(1)より，

$$x_2 = \frac{0.8352(0.17839) - 0.9(-0.00118)}{0.17839 - (-0.00118)} = 0.8354$$

ここで，$x_2 - x_1 = 0.0002 < 0.001$ となり，求める数値解は $x = 0.8354$　　答

例題 6.2

次の方程式の解をはさみうち法によって求めよ。ただし，許容誤差を $E = 10^{-9}$ とし，区間は $[1.5, 3]$ とする。

$$\frac{1}{x-1} = 1 \quad (解析解は x = 2)$$

解

Excel ファイル「ex-06.1.1」を開いてみよ。

ナビ

Excel ファイル「ex-06.1.1」は，はさみうち法の Excel シートと VBA プログラムである（図 6.1.1）。プログラムでは，区間の一端のみを与えて他端は任意に決めるようになっている。また，繰り返し計算の回数は 50 回を限度としている。

Excel に付属している［ゴールシーク］と［ソルバー］を用いると，1 変数方程式の数値解は容易に求まる。Excel シート「ex-06.1.2」は，これらを用いて［例題 6.1］を解いた結果である（図 6.1.2）。

1 変数方程式を解くだけならば，［ゴールシーク］や［ソルバー］を用いればよい。しかし，工学における計算は一連の計算プロセスで構成され，1 変数方程式の解が次の計算に利用されることが多い。そのため，1 変数方程式の解法プログラムは全体の計算プログラム（メインプログラム）の一部として機能することになるので，［サブプログラム］として組み込むことになる。

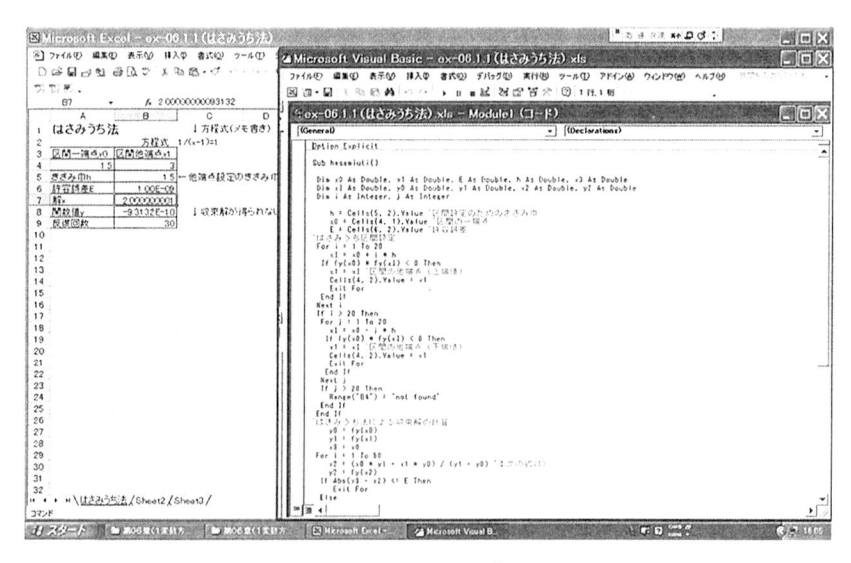

図 6.1.1　はさみうち法「ex-06.1.1」

6.2 2分割法

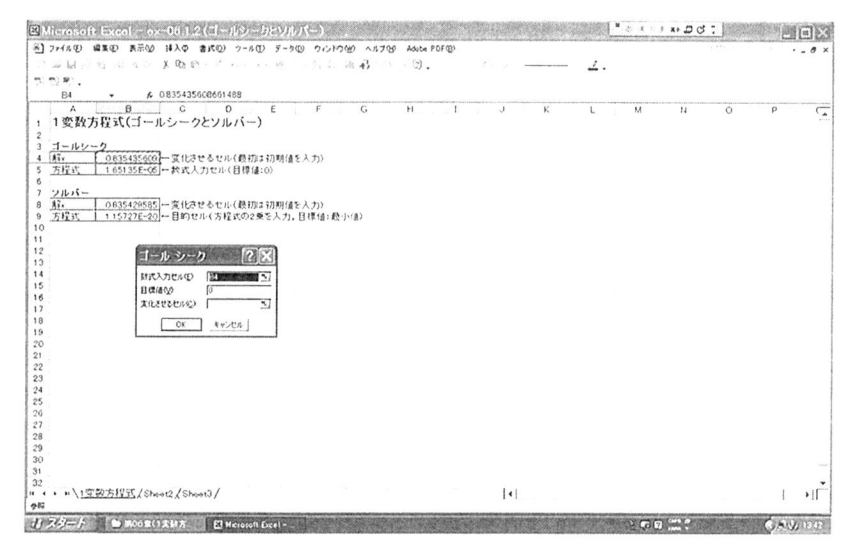

図 6.1.2　1 変数方程式の解法「ex-06.1.2」

問 6.1

次の方程式の解をはさみうち法によって求めよ（解析解は $x=-1$）。
なお，許容誤差は $E=10^{-6}$ とし，区間は方程式の形から判断して決めよ。

$$x^2 + \frac{1}{x} = 0$$

答　-0.999999

6.2　2 分割法

まず，$f(x)=0$ の解をはさむ 2 つの x の値 x_L と x_U を見つけ，x_L と x_U の中点 $x_1=(x_L+x_U)/2$ を計算する。

ついで，$f(x_1)$ の符号を調べ，それと異なる符号を持つ区間 $[x_L, x_1]$ あるいは $[x_1, x_U]$ を残し，残した区間の中点を求める（図 6.3）。

このような繰り返しを $|x_{i+1}-x_i|<E$ となるまで続ければ，$x=x_{i+1}$ が $f(x)=0$

第6章 1変数方程式を解く

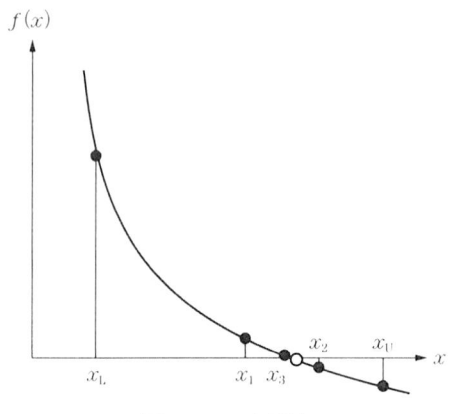

図6.3 2分割法

の数値解となる。この方法を**2分割法**という。

なお，残される区間の大きさと繰り返し回数 i との間には，次のような関係がある（導出法は省略）。

$$|x_{i+1}-x_i| = \frac{x_\mathrm{U}-x_\mathrm{L}}{2^{i+1}} \ (i=0,1,2,\cdots) \tag{1}$$

例題 6.3

$f(x)=x^2-1=0$ の解を2分割法で求めよ。ただし，$x_\mathrm{L}=0$, $x_\mathrm{U}=8$ とする。

解

$x_\mathrm{L}=x_0$, $x_\mathrm{U}=x_1$ とすると，

$$x_2 = \frac{x_0+x_1}{2} = \frac{0+8}{2} = 4, \ f(x_0)=-1, \ f(x_1)=63, \ f(x_2)=15$$

$f(x_2)$ と符号の異なるのは $f(x_0)$ のほうであるから，

$$x_3 = \frac{x_0+x_2}{2} = \frac{0+4}{2} = 2, \ f(x_3)=3$$

さらに，$f(x_3)$ と符号の異なるのは $f(x_0)$ のほうであるから，

$$x_4 = \frac{x_0 + x_3}{2} = \frac{0+2}{2} = 1, \quad f(x_1) = 0$$

したがって，$x = 1$　　答

例題 6.4

次の方程式の数値解を2分割法によって求めよ。ただし，許容誤差を $E = 10^{-9}$ とし，区間は $[-4, 0]$ とする。

ナビ

　Excel ファイル「ex-06.2.1」は，2分割法の Excel シートと VBA プログラムである（図6.2.1）。はさみうち法と同様に，このプログラムでも，区間の一端のみを与えて他端は任意に決めるようになっている。また，繰り返し計算の回数も50回を限度としている。

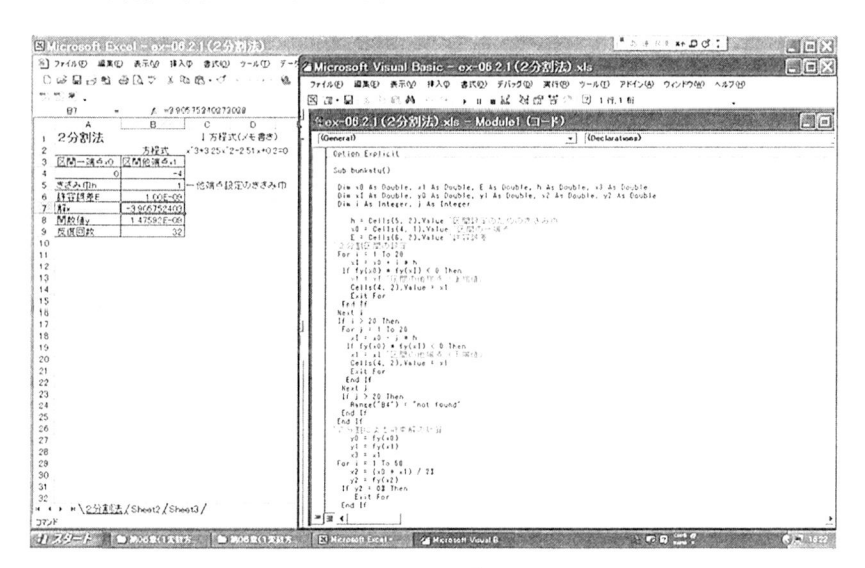

図6.2.1　2分割法「ex-06.2.1」

$$x^3 + 3.25\,x^2 - 2.51\,x + 0.2 = 0$$

解

Excel ファイル「ex-06.2.1」を開いてみよ。

問 6.2

(問 6.1) で与えられた方程式の解を 2 分割法によって求めよ。なお，許容誤差は $E = 10^{-6}$ とし，区間は方程式の形から判断して決めよ。

> **クリック**
>
> 2 分割法は，解をはさむ区間の中点における $f(x)$ の符号を判断し，相異なる符号側の x を選んで解の存在する区間を順次狭めていく方法なので，簡単に解を見いだすことができる。しかも，この計算は必ず収束し，一定の回数で一定の精度が期待できる。
>
> しかしながら，はさみうち法についても言えることではあるが，解がいくつも存在する場合には，新たに区間を定め直して別の解を求めなければならない。たとえば，[例題 6.4] の 3 次方程式は 3 つの実数解 (-3.906, 0.091, 0.565) を持っているが，区間 $[-4, 0]$ を定めても，$x = -3.906$ が得られるだけである。

6.3 単純代入法

単純代入法（反復法とも呼ばれる）とは "1 変数方程式 $f(x) = 0$ を $x = g(x)$ と変形し，$f(x) = 0$ の解を**直線** $y = x$ と**曲線** $y = g(x)$ の交点として順次求めていく方法" である（図 6.4）。

つまり，$x = g(x)$ の右辺に初期値 $x = x_0$ を代入して $g(x_0)$ を計算し，$g(x_0)$ の値を $x = x_1$ として再び $x = g(x)$ の右辺に代入して $g(x_1)$ を求め，さらに $g(x_1)$

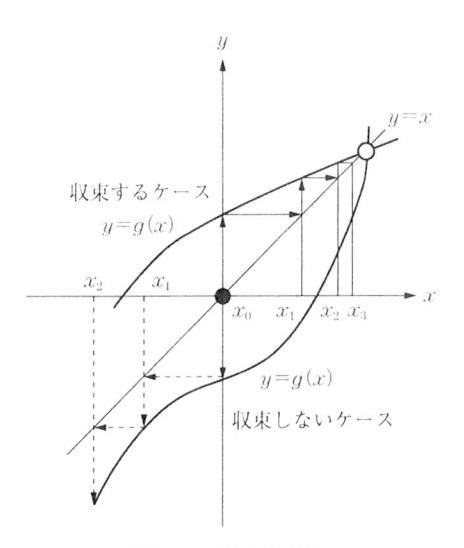

図 6.4　単純代入法

の値を $x=x_2$ として同様の計算を行い，この計算を収束条件 $|x_{i+1}-x_i|<E$ が満たされるまで繰り返して，$f(x)=0$ の数値解 $x=x_{i+1}$ を求めるのである。

単純代入法は計算が非常に単純ではあるが，曲線 $y=g(x)$ の形や，初期値の選び方によっては，解が得られず**発散**してしまうことがあるので注意を要する。

解が収束するための条件は次の通りである（数学的な解説は省略）。

$$|g(x_{i+1})-g(x_i)|>|g(x_{i+1})-g(x_{i+2})| \qquad (1)$$

式(1)の意味するところは，区間 $[x_0,\ x_{i+1}]$ において $y=g(x)$ が次の条件を満たすことである。

$$|g'(x)|<1 \qquad (2)$$

言いかえれば，解が収束するためには"曲線 $y=g(x)$ の勾配が直線 $y=x$ の勾配（＝1）よりも小さくなければならない"ということである。

例題 6.5

[例題 6.1] で与えられた方程式の数値解を単純代入法によって求めよ。ただし，初期値を $x_0=0.8$ とし，判定値を $E=0.00001$ とする。

第6章　1変数方程式を解く

■ 解

方程式 $f(x)=2x-\cos x-1=0$ を次の形に変形する。

$$x=\frac{1}{2}(1+\cos x)$$

初期値 $x_0=0.8$ を出発点として，変形した上の式の右辺を順次計算すると，

$x_1=(1+\cos 0.8)/2=0.84836$　　　$x_6=(1+\cos 0.83558)/2=0.83538$
$x_2=(1+\cos 0.84836)/2=0.83060$　　$x_7=(1+\cos 0.83538)/2=0.83545$
$x_3=(1+\cos 0.83060)/2=0.83722$　　$x_8=(1+\cos 0.83545)/2=0.83542$
$x_4=(1+\cos 0.83722)/2=0.83476$　　$x_9=(1+\cos 0.83542)/2=0.83543$
$x_5=(1+\cos 0.83476)/2=0.83558$　　$x_{10}=(1+\cos 0.83543)/2=0.83543$

よって，$x_{10}-x_9=0.00000<0.00001$ となり，求める数値解は $x=0.83543$　　**答**

■ 例題 6.6

次の方程式の解を単純代入法で求めよ。ただし，初期値を $x_0=1$ とし，判定値を $E=10^{-10}$ とする。

$$x^2-x-2=0$$

■ 解

Excel ファイル「ex-06.3.1」を開いてみよ。

◆ナビ

Excel ファイル「ex-06.3.1」は，単純代入法の Excel シートと VBA プログラムである（図 6.3.1）。解の収束・発散を判断する式(2)の微分係数は，変数 x の増分を指定する**差分法**（中心差分）によって求めている。

6.3 単純代入法

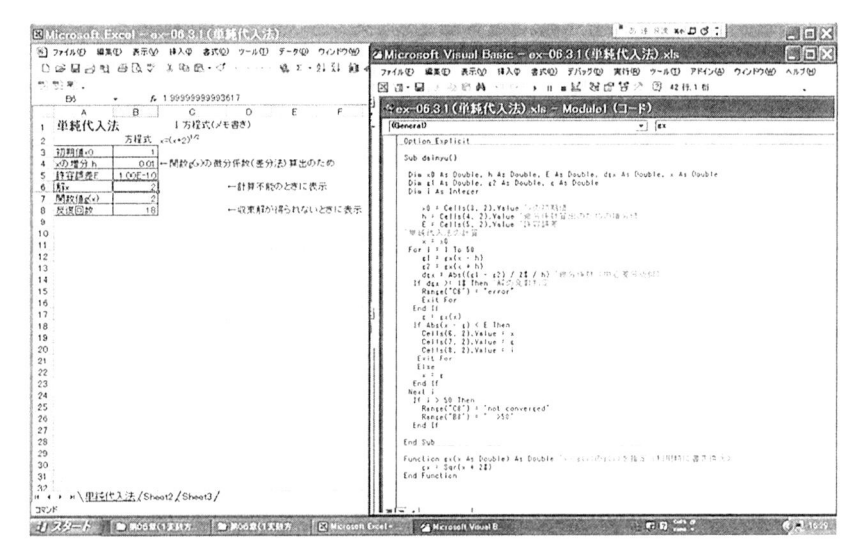

図 6.3.1　単純代入法「ex-06.3.1」

クリック

[例題 6.6] の方程式を $x = x^2 - 2$ と変形して，単純代入法を適用しても解は求まらない。曲線 $g(x) = x^2 - 2$ が式(2)を満たさないからである。

一方，方程式 $x^2 - x - 2 = 0$ を次式のように変形すれば収束解が得られる。

$$x = \pm\sqrt{x+2}$$

このように単純代入法は，与えられた方程式の変形の仕方によって，解が得られたり得られなかったりするので，呼称ほどに"単純ではない"。

問 6.3

次の方程式の解を単純代入法で求めよ（解析解は $x = 1$）。ただし，初期値を x_0

$=0.2$ とし，許容誤差は $E=10^{-6}$ とする。

$(x+3)\sqrt{x}=4$

| 答 | 1.000000 |

6.4 ニュートン法

ニュートン法とは"関数 $f(x)$ の導関数が容易に求められるとき，$f(x)=0$ の解の近似値からスタートし，$f(x)$ の導関数を利用して，その近似値を繰り返し修正することによって $f(x)=0$ の数値解を求める方法"である（図 6.5）。

$f(x)=0$ の第 0 近似値を x_0, $f(x)=0$ の真の解を x_T とする。

このとき，その差を h（$=x_T-x_0$）とすると次式が成り立つ。

$$f(x_T)=f(x_0+h)=0 \tag{1}$$

式(1)の $f(x_0+h)$ を h について**テイラー展開**すれば次式となる。

$$f(x_0+h)=f(x_0)+f'(x_0)h+\frac{f''(x_0)}{2!}h^2+\frac{f'''(x_0)}{3!}h^3+\cdots \tag{2}$$

h が小さければ式(2)の h^2 以降の項は無視でき，h の近似値 h_1 は次式となる。

$$f(x_0)+f'(x_0)h_1=0 \text{ より, } h_1=-\frac{f(x_0)}{f'(x_0)} \tag{3}$$

したがって，x の第 1 近似値 x_1 は次式から求まる。

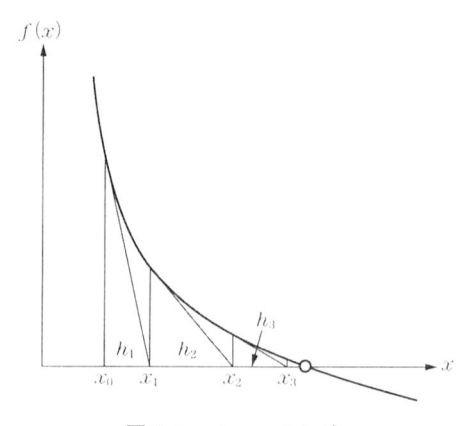

図 6.5 ニュートン法

$$x_1 = x_0 + h_1 = x_0 - \frac{f(x_0)}{f'(x_0)} \qquad (4)$$

このような計算を収束条件 $|x_{i+1} - x_i| < E$ が満たされるまで次のように繰り返せば、より真の解に近い数値解が求まる。

$$x_2 = x_1 + h_2 = x_1 - \frac{f(x_1)}{f'(x_1)}$$

$$x_3 = x_2 + h_3 = x_2 - \frac{f(x_2)}{f'(x_2)}$$

………

$$x_{i+1} = x_i + h_{i+1} = x_i - \frac{f(x_i)}{f'(x_i)}$$

ただしニュートン法は、$y = f(x)$ のグラフが x 軸を横切る近傍で水平に近いとき（$f'(x) \fallingdotseq 0$）は収束が遅くなる。そのような場合には、はさみうち法がよい。

例題 6.7

[例題 6.1] で与えられた方程式の数値解をニュートン法によって求めよ。ただし、初期値を $x_0 = 0.8$ とし、判定値を $E = 0.001$ とする。

解

与えられた関数 $f(x)$ の導関数は、$f'(x) = 2 + \sin x$ となる。
初期値は $x_0 = 0.8$ なので、$h_1 = -f(0.8)/f'(0.8) = 0.09671/2.71736 = 0.0356$
したがって、x の第1近似値 x_1 は、$x_1 = x_0 + h_1 = 0.8 + 0.0356 = 0.8356$
同様にして、第2近似値 x_2 は次のようになる。

$h_2 = -f(0.8356)/f'(0.8356) = -0.00046/2.74170 = -0.000168$
$x_2 = x_1 + h_2 = 0.8356 - 0.000168 = 0.83543$

x_2 と x_1 の差の絶対値をとると、

$|x_2 - x_1| = 0.00017 < 0.001$ となり、求める数値解は $x = 0.83543$ 　答

第6章 1変数方程式を解く

例題 6.8

次の方程式の数値解をニュートン法によって求めよ。ただし，初期値は $x_0=5$ とし，許容誤差を $E=10^{-10}$ とする。

$$\log x - x + 2 = 0$$

解

Excel ファイル「ex-06.4.1」を開いてみよ。

ナビ

Excel ファイル「ex-06.4.1」は，ニュートン法の Excel シートと VBA プログラムである（図 6.4.1）。初期値と許容誤差を入力してマクロを実行すれば，初期値近傍の数値解が 1 つ求められる。

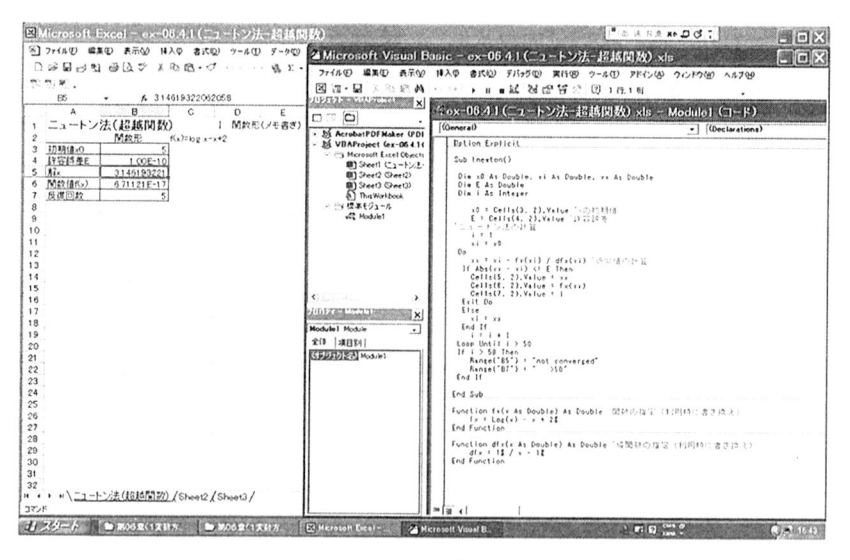

図 6.4.1 ニュートン法（単一解）「ex-06.4.1」

問 6.4

次の方程式の解をニュートン法で求めよ（解析解は $x=3,\ 1,\ 1/2$）。ただし、初期値は $x_0=5$ とし、許容誤差を $E=10^{-6}$ とする。

$$2x^3-7x^2+2x+3=0$$

答 3.000000

クリック

ニュートン法は方程式 $f(x)=0$ の数値解を求める有効な方法である。しかし、$f(x)$ が n 次多項式であって、$f(x)=0$ の解（実数解）がいくつもある場合には、はじめに与えた近似値近傍の数値解 $x=x_n$ が1つ求められるだけで、その他の数値解は求められない。

このような場合には、次式(a)を満たす関数 $g(x)$ を**整式の除法**に従って見つけ出し、$g(x)=0$ に再びニュートン法を適用すれば、**別の数値解**が求められる。

$$f(x)=(x-x_n)g(x) \qquad (\text{a})$$

いま、$f(x)$ が次のような n 次多項式で与えられているとする。

$$f(x)=x^n+a_1x^{n-1}+a_2x^{n-2}+\cdots+a_n \qquad (\text{b})$$

n 次方程式 $f(x)=0$ の1つの数値解を x_n とすると、$f(x)$ を $(x-x_n)$ で割ることによって、$g(x)$ は次式(c)のように表される。

$$g(x)=x^{n-1}+b_1x^{n-2}+b_2x^{n-3}+\cdots+b_{n-1}+\frac{a_n+b_{n-1}x_n}{x-x_n} \qquad (\text{c})$$

ただし、$b_1=a_1+x_n,\ b_2=a_2+b_1x_n,\ \cdots,\ b_{n-1}=a_{n-1}+b_{n-2}x_n$ である。

なお、$g(x)=0$ の解を求める際には、式(c)の余剰項 $a_n+b_{n-1}x_n$ はごく小さな無視できる値と考え、関数 $g(x)$ を次式で近似しても差し支えない。

$$g(x)=x^{n-1}+b_1x^{n-2}+b_2x^{n-3}+\cdots+b_{n-1} \qquad (\text{d})$$

式(a)～式(c)あるいは式(d)を繰り返して用いれば、n 次方程式の実数解 $x_{n-1},\ x_{n-2},\ x_{n-3},\ \cdots,\ x_2,\ x_1$ が順次求められる。

ところで、2次方程式の解は**2次方程式の解の公式**によって容易に求められる。3次方程式にも解の公式があり、**カルダノ（Cardano）の公式**と

第6章　1変数方程式を解く

言われるが，その内容については数値計算や化学数学の書などに譲ることにしたい．

➡ナビ

Excel ファイル「ex-06.4.2」は n 次方程式（$n=10$ まで）のすべての実数解を一気に求めるニュートン法による Excel シートと VBA プログラムである（図6.4.2）．

n 次方程式が次のように与えられているとする．

$$a_{n+1}x^n + a_n x^{n-1} + \cdots + a_2 x + a_1 = 0$$

このとき，多項式の係数 a_{n+1}, a_n, $\cdots$, a_2, a_1 をシートに入力し，さらに，初期値と許容誤差と反復回数を与えてマクロを実行すれば，すべての実数解が求められる．

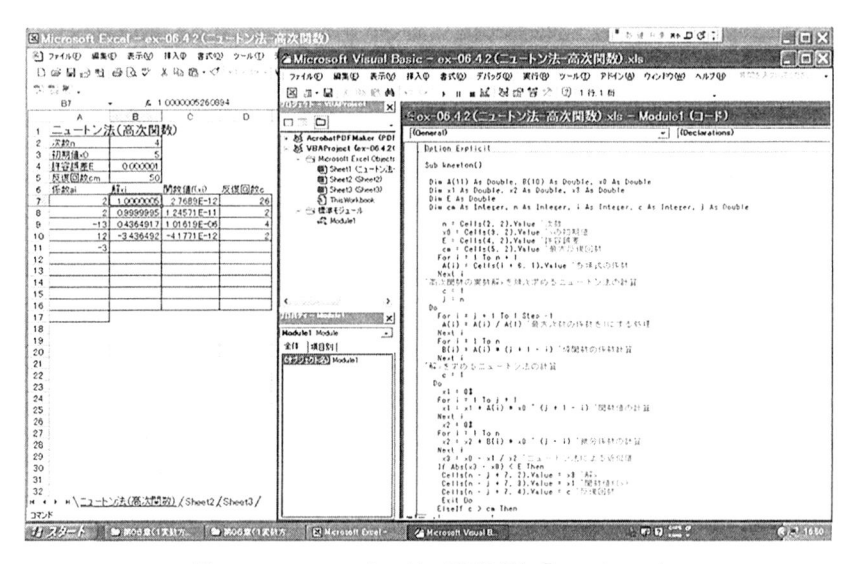

図6.4.2　ニュートン法（複数解）「ex-06.4.2」

例題 6.9

次の4次方程式のすべての実数解をニュートン法で求めよ。ただし，初期値は $x_0=5$ とし，許容誤差を $E=10^{-6}$ とする。

$$2x^4+2x^3-13x^2+12x-3=0$$

なお，解析解は $x=1$（2重解），$\dfrac{-3\pm\sqrt{15}}{2}$ である。

解

Excelファイル「ex-06.4.2」を開いてみよ。

問 6.5

（問 6.4）で与えられた3次方程式のすべての実数解を，初期値 $x_0=5$，許容誤差 $E=10^{-6}$ として，ニュートン法によって求めよ。

答　3, 1, -0.5

第7章
連立非線形方程式を解く

『蒸留に必要な気液平衡の式をつくりたい。そこで，気液平衡データを測定して，気液平衡を表す活量係数式（たとえば，ウイルソン（Wilson）式）の定数を決めたいがどうすればよいか』——それには，**連立非線形方程式**を解けばよい。

工学上の事象を数式にすると，2つ以上の変数を含む多元連立方程式となる場合がしばしばあり，それが**非線形方程式**のときには，一般に数値解法を用いなければ解けない。ここでは主に，変数が2つの2元連立非線形方程式について述べるが，その基本は1変数方程式の数値解法（第6章を参照）の拡張である。

7.1　はさみうち法

変数 x と y が実数で，ともに連続関数になっている次の2元連立非線形方程式を考える。

$$f_1(x,y)=0, \quad f_2(x,y)=0 \tag{1}$$

式(1)の両式は次のように書き直せる。

$$y=g_1(x), \quad y=g_2(x) \tag{2}$$

したがって，式(2)の2つの関数のグラフ（曲線）上の交点が連立方程式(1)の解となる。

そこでまず，予測される交点 (x, y) をはさむ x 軸上の2つの点 x_L と x_U を定め，その点に対応する式(2)の曲線上の4つの点 $g_1(x_L)$，$g_2(x_L)$，$g_1(x_U)$，$g_2(x_U)$ を算出し，各曲線上の2点を結ぶ直線の交点の x 座標 x_1 を求める（図7.1）。つまり，次の2つの直線の方程式を x について解く。

第 7 章　連立非線形方程式を解く

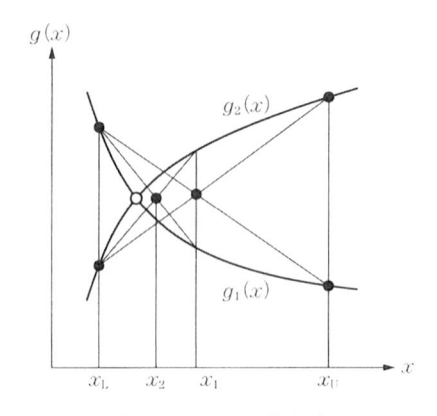

図 7.1　はさみうち法

$$y - g_2(x_U) = \frac{g_2(x_U) - g_2(x_L)}{x_U - x_L}(x - x_U),\ y - g_1(x_U) = \frac{g_1(x_U) - g_1(x_L)}{x_U - x_L}(x - x_U)$$

その結果，交点の x 座標 x_1 が次のように求まる。

$$x_1 = x_U + \frac{(x_L - x_U)\{g_1(x_U) - g_2(x_U)\}}{\{g_1(x_U) - g_2(x_U)\} - \{g_1(x_L) - g_2(x_L)\}} \tag{3}$$

次に，式(3)で求めた x_1 に対応する 2 つの曲線上の点 $g_1(x_1)$，$g_2(x_1)$ を計算し，式(3)に従って繰り返し計算を進める。

この際，**中間値の定理**に基づく次の条件から交点（解）x の存在範囲を判別し，それに応じて下記の式(4)あるいは式(5)を繰り返し計算に用いる。

　　(**A**)：$\{g_1(x_L) - g_2(x_L)\} \times \{g_1(x_1) - g_2(x_1)\} < 0$ のとき $x_L < x < x_1$
　　(**B**)：$\{g_1(x_U) - g_2(x_U)\} \times \{g_1(x_1) - g_2(x_1)\} < 0$ のとき $x_1 < x < x_U$

解の存在範囲が(**A**)の場合：2 回目以降の計算において x_U は不要となる。そこで，$i+1$ 回目の計算は，式(3)の中の x_U の代わりに，その 1 回前に算出された値 x_i $(i=1,\ 2,\ \cdots)$ を使う次式を用いる。

$$x_{i+1} = x_i + \frac{(x_L - x_i)\{g_1(x_i) - g_2(x_i)\}}{\{g_1(x_i) - g_2(x_i)\} - \{g_1(x_L) - g_2(x_L)\}} \tag{4}$$

解の存在範囲が(**B**)の場合：2 回目以降の計算において x_L が不要となる。そこで，$i+1$ 回目の計算は，式(3)の中の x_L の代わりに，その 1 回前に算出された値 $x_i (i=1,\ 2,\ \cdots)$ を使う次式を用いる。

$$x_{i+1} = x_U + \frac{(x_i - x_U)\{g_1(x_U) - g_2(x_U)\}}{\{g_1(x_U) - g_2(x_U)\} - \{g_1(x_i) - g_2(x_i)\}} \quad (5)$$

このような繰り返し計算のための収束条件を次のように定める。

$|x_{i+1} - x_i| < E_1$, $|g_1(x_{i+1}) - g_2(x_{i+1})| < E_2$

(E_1, E_2 は十分に小さい正数)　　(6)

そして，x_{i+1} が条件式(6)を満たすことを確かめ，x_{i+1} を式(2)に代入して y_{i+1} を求めれば，それらが式(1)の**数値解**となる。

例題 7.1

次の2元連立方程式の数値解を，はさみうち法によって求めよ。

$f_1(x, y) = \log x + y + 0.7506 = 0$, $f_2(x, y) = x + \log y + 0.9727 = 0$

ただし，$x_L = 0.25$, $x_U = 0.45$, 判定値（許容誤差）を $E_1 = E_2 = 0.0001$ とする。

解

与えられた方程式をそれぞれ次のように書きかえる。

$g_1(x) = y = -\log x - 0.7506$, $g_2(x) = y = e^{-(x+0.9727)}$

この2つの関数から，$x_L = 0.25$ と $x_U = 0.45$ に対応する $g_1(0.25)$, $g_2(0.25)$, および $g_1(0.45)$, $g_2(0.45)$ の値を求め，式(3)より x_1 を求めると，$x_1 = 0.3777$

次に，これらの値を用いて解の存在範囲を判別すると，$x_L < x < x_1$

そこで，式(4)を用いて同様の計算を繰り返すと，その値は下表のようになる。

i	x	$g_1(x)$	$g_2(x)$
$0 (= x_L)$	0.2500	0.6357	0.2944
1	0.3777	0.2230	0.2591
2	0.3655	0.2559	0.2623
3	0.3634	0.2618	0.2629
4	0.3630	0.2628	0.2630
5	0.3629	0.2630	0.2630

（平田光穂ほか著，「パソコンによる数値計算」，朝倉書店（1982）より改変）

したがって求める数値解は $x = 0.3629$, $y = 0.2630$　　**答**

第 7 章　連立非線形方程式を解く

例題 7.2

次の連立方程式の数値解を，はさみうち法によって求めよ。

$$x^2+y^2=1, \quad x^3=y$$

ただし，許容誤差 $E_1=E_2=10^{-5}$ とする。なお，区間は関数の形から判断して決めよ。

解

Excel ファイル「ex-07.1.1」を開いてみよ。

ナビ

Excel ファイル「ex-07.1.1」は 2 元連立非線形方程式を解くはさみうち法の Excel シートと VBA プログラムである（図 7.1.1）。1 変数方程式のはさみうち法と同じく，プログラムでは区間の一端のみを与えて他端は任意に決めるようになっている。また，繰り返し計算の回数は 50 回を限

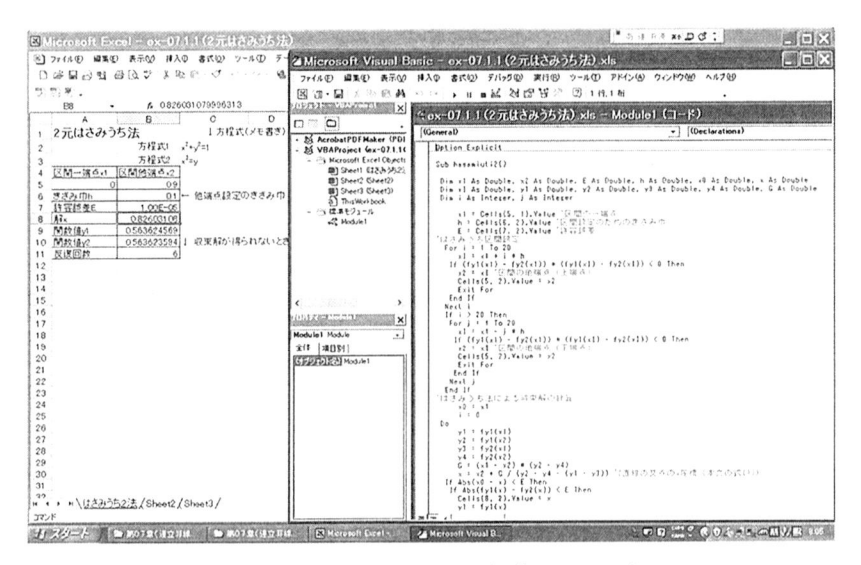

図 7.1.1　2 元はさみうち法「ex-07.1.1」

度としている。

一方，Excel シート「ex-07.1.2」は，[例題 7.1] を Excel に付属している[ソルバー]と[ゴールシーク]によって解いた結果である（図 7.1.2）。

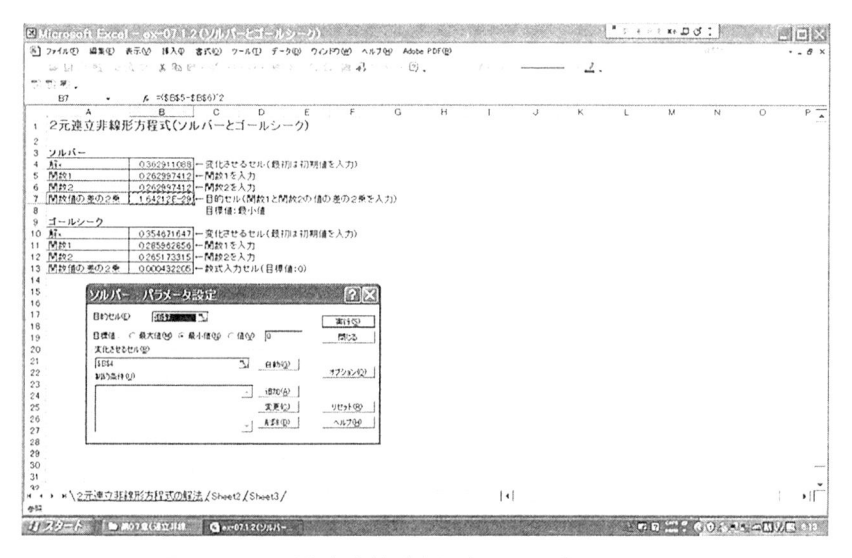

図 7.1.2　2 元連立非線形方程式の解法「ex-07.1.2」

問 7.1

次の連立方程式を，はさみうち法で求めよ（解析解は $x=1$, $y=1$）。

$$\sqrt{x}-y=0, \quad \frac{1}{x}-y=0$$

ただし，許容誤差 $E_1=E_2=10^{-5}$ とする。なお，区間は関数の形から判断して決めよ。

答　　$x=1.000006$, $y=1.000003$

第7章 連立非線形方程式を解く

7.2 ニュートン・ラプソン法

1変数方程式の数値解法の1つであるニュートン法を連立非線形方程式に拡張したのが，**ニュートン・ラプソン**（Newton–Raphson）**法**である。

はさみうち法の場合と同じように，次の2元連立非線形方程式について考える。

$$f_1(x,y)=0, \quad f_2(x,y)=0 \tag{1}$$

ここで，x と y は実数で，$f_1(x,y)$ と $f_2(x,y)$ はともに連続関数である。

連立方程式(1)の数値計算を行った結果，x と y の i 回目（$i=0,\ 1,\ 2,\ \cdots$）の近似値が $(x_i,\ y_i)$，$i+1$ 回目の近似値が $(x_{i+1},\ y_{i+1})$ となったとして，それぞれの**近似値の差**を次のようにおく。

$$x_{i+1}-x_i=h, \quad y_{i+1}-y_i=k \tag{2}$$

式(2)を式(1)に適用すると，

$$f_1(x_{i+1},y_{i+1})=f_1(x_i+h,y_i+k)=0, \quad f_2(x_{i+1},y_{i+1})=f_2(x_i+h,y_i+k)=0 \tag{3}$$

式(3)の $f_1(x_i+h,y_i+k)$ と $f_2(x_i+h,y_i+k)$ を，それぞれ**2変数関数のテイラー展開**（詳細は微分積分学の書に譲る）に従って (x_i,y_i) のまわりで展開し，h および k の2次以上の項を省略すると次式が得られる。

$$f_1(x_i,y_i)+h\frac{\partial f_1(x_i,y_i)}{\partial x}+k\frac{\partial f_1(x_i,y_i)}{\partial y}=0 \tag{4}$$

$$f_2(x_i,y_i)+h\frac{\partial f_2(x_i,y_i)}{\partial x}+k\frac{\partial f_2(x_i,y_i)}{\partial y}=0 \tag{5}$$

式(4)と式(5)においては，h と k のみが**未知数**で，他の各項は近似値 $(x_i,\ y_i)$ に対する既知の値である。式(4)と式(5)を次式のように書き直すとよく分かるが，式(4)，式(5)からなる連立方程式は未知数 h と k に関する**正規方程式**である。

$$\frac{\partial f_1(x_i,y_i)}{\partial x}h+\frac{\partial f_1(x_i,y_i)}{\partial y}k=-f_1(x_i,y_i) \tag{6}$$

$$\frac{\partial f_2(x_i,y_i)}{\partial x}h+\frac{\partial f_2(x_i,y_i)}{\partial y}k=-f_2(x_i,y_i) \tag{7}$$

したがって，この連立方程式は第2章で述べた連立1次方形式の解法に従って

求めることができる。たとえば，**クラメル法**を用いてhとkを求めると，それぞれ次式を得る。

$$h = \frac{\begin{vmatrix} -f_1(x_i, y_i) & \dfrac{\partial f_1(x_i, y_i)}{\partial y} \\ -f_2(x_i, y_i) & \dfrac{\partial f_2(x_i, y_i)}{\partial y} \end{vmatrix}}{D}, \quad k = \frac{\begin{vmatrix} \dfrac{\partial f_1(x_i, y_i)}{\partial x} & -f_1(x_i, y_i) \\ \dfrac{\partial f_2(x_i, y_i)}{\partial x} & -f_2(x_i, y_i) \end{vmatrix}}{D} \quad (8)$$

ここで，$D = \begin{vmatrix} \dfrac{\partial f_1(x_i, y_i)}{\partial x} & \dfrac{\partial f_1(x_i, y_i)}{\partial y} \\ \dfrac{\partial f_2(x_i, y_i)}{\partial x} & \dfrac{\partial f_2(x_i, y_i)}{\partial y} \end{vmatrix}$

連立1次方程式の解法に従って（たとえば，式(8)で）得られるhとkはi回目と$i+1$回目の数値解の差h_{i+1}, k_{i+1}である。

それゆえ，ニュートン法による1変数方程式の数値解法の場合と同様に，式(2)で算出される(x_{i+1}, y_{i+1})を新たな(x_i, y_i)とみなして，連立1次方程式（たとえば，式(8)）の計算と式(2)の計算を収束条件$|x_{i+1}-x_i|<E_1$, $|y_{i+1}-y_i|<E_2$を満たすまで繰り返せば，真の解に近い数値解が得られる。

なお，3元以上の多元連立非線形方程式についても同じように扱うことができる（章末の【数学講座】を参照）。

例題 7.3

[例題7.1] で与えられた連立方程式の数値解をニュートン・ラプソン法によって求めよ。ただし，初期値を$x_0=0.1$, $y_0=0.1$, 判定値（許容誤差）を$E_1=E_2=0.0001$とする。

解

与えられた式の偏導関数を求めると，

$$\frac{\partial f_1(x,y)}{\partial x} = \frac{1}{x}, \quad \frac{\partial f_1(x,y)}{\partial y} = 1, \quad \frac{\partial f_2(x,y)}{\partial x} = 1, \quad \frac{\partial f_2(x,y)}{\partial y} = \frac{1}{y}$$

ここで，$x_0=0.1$，$y_0=0.1$ であるから，
 $f_1(x_0, y_0) = \log 0.1 + 0.1 + 0.7506 = -1.4520$，
 $f_2(x_0, y_0) = 0.1 + \log 0.1 + 0.9727 = -1.2299$

$$\frac{\partial f_1(x_0, y_0)}{\partial x} = \frac{1}{0.1} = 10.0, \quad \frac{\partial f_2(x_0, y_0)}{\partial y} = \frac{1}{0.1} = 10.0$$

これらの値を式(8)に適用して h と k を求めると，
 $h = 0.1342$，$k = 0.1096$
したがって，第1近似値 x_1 と y_1 は式(2)より次のようになる。
 $x_1 = x_0 + h = 0.1 + 0.1342 = 0.2342$，$y_1 = y_0 + k = 0.1 + 0.1096 = 0.2096$
以下，同様の計算を繰り返すと下表のようになる。

i	x_i	y_i	$f_1(x_i, y_i)$	$f_2(x_i, y_i)$	$\partial f_1/\partial x$	$\partial f_1/\partial y$	$\partial f_2/\partial x$	$\partial f_2/\partial y$	h	k
0	.1000	.1000	-1.4520	-1.2299	10.00	1.0000	1.0000	10.00	.1342	.1096
1	.2342	.2096	$-.4912$	$-.3558$	4.2691	1.0000	1.0000	4.7718	.1026	.0530
2	.3369	.2626	$-.0748$	$-.0275$	2.9684	1.0000	1.0000	3.8079	.0250	.0007
3	.3619	.2633	$-.0026$	$-.0000$	2.7635	1.0000	1.0000	3.7983	.0010	$-.0003$
4	.3629	.2630	$-.0000$	$-.0000$	2.7555	1.0000	1.0000	3.8023	.0000	$-.0000$

(平田光穂ほか著，「パソコンによる数値計算」，朝倉書店（1982）より改変)

したがって求める数値解は $x = 0.3629$，$y = 0.2630$ 　**答**

例題 7.4

次の2元連立方程式の解をニュートン・ラプソン法によって求めよ。ただし，初期値を $x_0=1$，$y_0=1.2$，判定値を $E_1=E_2=10^{-5}$ とする。
 $2x^2 - 3xy + 5y - 5 = 0$，$xy - x - 2y + 2 = 0$
なお，解析解は $(x, y) = (2, 3)$，$(0, 1)$，$(3/2, 1)$ である。

解

Excel ファイル「ex-07.2.1」を開いてみよ。

7.2 ニュートン・ラプソン法

ナビ

Excel ファイル「ex-07.2.1」は 2 元と 3 元の連立非線形方程式を解くニュートン・ラプソン法の Excel シートと VBA プログラムである（図 7.2.1）。プログラムでは連立 1 次方程式の解法として**ガウスの消去法**を採用している。

ニュートン・ラプソン法においては，偏微分係数を成分とする係数行列あるいは係数行列式を扱うことになる。そのため，成分の大小が収束計算に大きく影響することもあるので，初期値の設定に注意しなければならない。また，［例題 7.4］の連立方程式のように解が複数ある場合には，その都度初期値を変更して別の解を求めなければならない。

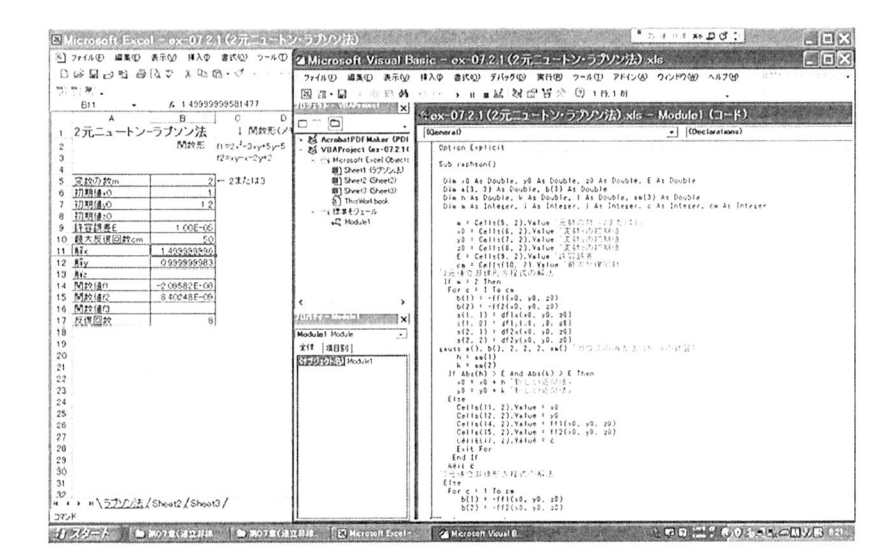

図 7.2.1　ニュートン・ラプソン法「ex-07.2.1」

問 7.2

［例題 7.2］で与えられた連立方程式の数値解をニュートン・ラプソン法で求

めよ。ただし，初期値は $x_0=1$, $y_0=1$, 許容誤差は $E_1=E_2=10^{-5}$ とする。

$x=0.826040$, $y=0.563620$

例題 7.5

次の3元連立方程式の解をニュートン・ラプソン法によって求めよ。ただし，初期値を $x_0=y_0=z_0=3$, 判定値を $E_1=E_2=E_3=10^{-10}$ とする。

$$xy+x+y=1, \quad yz+y+z=5, \quad zx+z+x=2$$

なお，解析解は $(x, y, z)=(0, 1, 2)$, $(-2, -3, -4)$ である。

解

Excelファイル「ex-07.2.2」を開いてみよ。

ナビ

Excelファイル「ex-07.2.2」のシートとプログラムは，Excelファイル「ex-07.2.1」と同じものである。ただし，3元の場合には [Function] に3つの関数形と $3^2(=9)$ 個の偏導関数を入力しなければならない。

なお，3元以上の連立非線形方程式を扱う場合，各方程式の順序に注意し，偏微分係数を成分とする係数行列の (1, 1) 成分が0とならないようにする。ガウスの消去法などを適用する連立1次方程式が解けなくなるからである。

問 7.3

次の3元連立方程式の解をニュートン・ラプソン法で求めよ（解析解は $(x, y, z)=(1, 2, 3)$, $(3/10, 5/6, 2/3)$）。ただし，初期値は $x_0=y_0=z_0=0.1$, 許容誤差は $E_1=E_2=E_3=10^{-10}$ とする。

$x=0.3$, $y=0.833333$, $z=0.666667$

$$x + \frac{1}{y} = \frac{3}{2}, \quad y + \frac{1}{z} = \frac{7}{3}, \quad z + \frac{1}{x} = 4$$

> **☞ クリック**
>
> ニュートン・ラプソン法によって n 元連立非線形連立方程式を解くには，n^2 個の偏導関数を予め求めなければならず，元数が多いとかなり面倒である。
>
> Excel シート「ex-07.2.3」は，[ソルバー] を用いて [例題 7.5] で与えられた連立方程式を解いた結果である。偏導関数など一切関係なく解が得られるので，Excel に付属している [ソルバー] は，工学上の計算プロセスや扱う式の形態によってはきわめて便利な解法である。

数学講座 3元以上の多元連立非線形方程式へ拡張する

次式(1)の3元連立非線形方程式が与えられたとして，式(1)にニュートン・ラプソン法を適用する。

$$f_1(x,y,z)=0,\ f_2(x,y,z)=0,\ f_3(x,y,z)=0 \tag{1}$$

$h,\ k,\ l$ を $i+1$ 回目と i 回目の近似解の差とし，**3変数関数のテイラー展開**（詳細は微分積分学の書に譲る）に従って，$(x_i,\ y_i,\ z_i)$ のまわりで展開して h，k，l の2次以上の項を省略すると，次式が得られる。

$$f_1(x_i,y_i,z_i)+h\frac{\partial f_1(x_i,y_i,z_i)}{\partial x}+k\frac{\partial f_1(x_i,y_i,z_i)}{\partial y}+l\frac{\partial f_1(x_i,y_i,z_i)}{\partial z}=0 \tag{2}$$

$$f_2(x_i,y_i,z_i)+h\frac{\partial f_2(x_i,y_i,z_i)}{\partial x}+k\frac{\partial f_2(x_i,y_i,z_i)}{\partial y}+l\frac{\partial f_2(x_i,y_i,z_i)}{\partial z}=0 \tag{3}$$

$$f_3(x_i,y_i,z_i)+h\frac{\partial f_3(x_i,y_i,z_i)}{\partial x}+k\frac{\partial f_3(x_i,y_i,z_i)}{\partial y}+l\frac{\partial f_3(x_i,y_i,z_i)}{\partial z}=0 \tag{4}$$

式(2)～式(4)の連立方程式は h，k，l に関する**正規方程式**であるから，h，k，l に関する3元連立1次方程式(2)～(4)を解けば，h，k，l が得られ，この操作を繰り返すことによって，真の解に近い数値解 (x,y,z) が求められる。

変数 x，y，z，…，の数（元数）が増えて n 元になっても，式(2)～式(4)と同様の式が n 個得られるだけであり，その解き方はまったく変わらない。

第 8 章
1 階常微分方程式を解く

『活性炭を用いて，排水中に含まれる有害物質を除去するのに必要な時間を求めたい。吸着平衡（たとえば，フロイドリッヒ（Freundlich）式）と吸着速度式が分かっているとき，どのように計算すればよいか』──→それには，1 階常微分方程式をたてて数値的に解けばよい。

自然科学や工学の様々な現象を数理的に表すと，微分方程式で表現されることが多いが，**線形以外**は解析的に解けない場合がほとんどである。しかし，数値解法を用いれば，あらゆる微分方程式の**特殊解**を簡単に見いだすことができる。
　一般に，階数が n の**高階常微分方程式**は n 個の **1 階連立常微分方程式**に書き直せる。そこで本章では，1 階常微分方程式の数値解法について説明する。

8.1 テイラー級数展開法

初期条件「$x=x_0$ のとき $y=y_0$」のもとで，1 階常微分方程式 $dy/dx=f(x,y)$ を解くことにする。
　この微分方程式の解 $y=y(x)$ が分かっているとして，関数 $y(x)$ を初期値 $x=x_0$ のまわりで**テイラー展開**すると次式のようになる。

$$y(x)=y(x_0)+(x-x_0)y'(x_0)+\frac{(x-x_0)^2}{2!}y''(x_0)$$
$$+\frac{(x-x_0)^3}{3!}y'''(x_0)+\cdots \qquad (1)$$

式(1)を基本にして，微分方程式の解 $y=y(x)$ の関数形または x の値に対する y の近似値（数値解）を求めてみる。
　まず，x のきざみ幅（増分）h を設定する。そして，$x=x_0+h$ における $y(x)$ の値を y_1 とし，$dy/dx=y'=f(x,y)$ であることを考慮して，$x=x_0+h$ を式(1)

に代入すると y_1 は次式のようになる。

$$y_1 = y(x_0+h) = y(x_0) + hf(x_0, y_0) + \frac{h^2}{2!}f'(x_0, y_0)$$

$$+ \frac{h^3}{3!}f''(x_0, y_0) + \cdots \tag{2}$$

初期条件より $y(x_0) = y_0$ であり，また，$f(x, y)$ は既知の関数であるから $f(x_0, y_0)$ は既知の値である。したがって，$f'(x_0, y_0)$, $f''(x_0, y_0)$, …の値が分かれば，式(2)より y_1 が得られる。

そこで，$f'(x_0, y_0)$, $f''(x_0, y_0)$, …を求めるために，$f'(x, y)$, $f''(x, y)$, …，を次式のように変形する。

$$f'(x, y) = \frac{d}{dx}f(x, y) = \frac{\partial f}{\partial x} + \frac{\partial f}{\partial y}\frac{dy}{dx} = \frac{\partial f}{\partial x} + f\frac{\partial f}{\partial y} \tag{3}$$

$$f''(x, y) = \frac{d}{dx}f'(x, y) = \frac{d}{dx}\left(\frac{\partial f}{\partial x} + f\frac{\partial f}{\partial y}\right)$$

$$= \frac{\partial^2 f}{\partial x^2} + 2f\frac{\partial^2 f}{\partial x \partial y} + f^2\frac{\partial^2 f}{\partial y^2} + \frac{\partial f}{\partial y}\left(\frac{\partial f}{\partial x} + f\frac{\partial f}{\partial y}\right) \tag{4}$$

　　　　　…………

式(3)，式(4)，…に $x = x_0$, $y = y_0$ を代入すれば，$f'(x_0, y_0)$, $f''(x_0, y_0)$, …の値を求めることができるので，式(2)より y_1 の値が計算できる。

y_1 の値が決まると，次に $x_1 (= x_0 + h)$ と y_1 とから，$x_2 = x_1 + h$ における y_2 の値を同様の方法で求めることができる。

このような操作を繰り返すことによって，次々と y の値が得られる。理解を深めるために，次の2つの例題を解いてみよう。

例題 8.1

初期条件「$x = x_0$ のとき $y = y_0$」のもとで，次の微分方程式の解をテイラー級数の形に展開せよ。

$$\frac{dy}{dx} = x - y^2 \tag{5}$$

解

式(5)の解を $y=y(x)$ とすると,初期条件より $y(x_0)=y_0$ である。

式(5)に初期条件を代入すると, $\left(\dfrac{dy}{dx}\right)_{x=x_0, y=y_0} = y'(x_0) = f(x_0, y_0) = x_0 - y_0^2$

式(5)を微分すると, $\dfrac{d^2y}{dx^2} = f'(x,y) = 1 - 2y\dfrac{dy}{dx}$

したがって, $\left(\dfrac{d^2y}{dx^2}\right)_{x=x_0, y=y_0} = y''(x_0) = f'(x_0, y_0) = 1 - 2y_0(x_0 - y_0^2)$

$$= 1 - 2x_0 y_0 + 2y_0^3$$

同様に, $\dfrac{d^3y}{dx^3} = f''(x,y) = -2\left\{ y\dfrac{d^2y}{dx^2} + \left(\dfrac{dy}{dx}\right)^2 \right\}$

したがって, $\left(\dfrac{d^3y}{dx^3}\right)_{x=x_0, y=y_0} = y'''(x_0) = f''(x_0, y_0) = -2(x_0^2 - 4x_0 y_0^2 + 3y_0^4 + y_0)$

これらをテイラー級数展開式(1)に代入すると,

$$y(x) = y_0 + (x_0 - y_0^2)(x - x_0) + \dfrac{1}{2!}(1 - 2x_0 y_0 + 2y_0^3)(x - x_0)^2$$

$$- \dfrac{2}{3!}(x_0^2 - 4x_0 y_0^2 + y_0 + 3y_0^4)(x - x_0)^3 + \cdots \qquad (6)$$

式(6)は初期条件「$x=x_0$ のとき $y=y_0$」に対する微分方程式(5)の解である。初期条件を具体的に「$x_0 = 0$ のとき $y_0 = 1$」とすれば,式(6)は次式となる。

$$y = y(x) = 1 - x + \dfrac{3}{2}x^2 - \dfrac{8}{6}x^3 + \dfrac{34}{24}x^4 - \dfrac{186}{120}x^5 + \cdots \qquad (7)$$

したがって,微分方程式(5)の解がテイラー級数展開法により,式(7)のような具体的な関数として求められる。

例題 8.2

[例題 8.1]で与えられた微分方程式(5)の数値解を,テイラー級数展開法によって求めよ。ただし,初期条件を「$x_0 = 0$ のとき $y_0 = 1$」とし,きざみ幅を $h = 0.05$

とする。

解

まず，式(2)を用いて，$x_1 = x_0 + h$ における y の値 y_1 を求める。

初期条件より，$y(x_0) = y_0 = 1$

式(5)の関数に初期条件を入れると，$f(x_0, y_0) = f(0, 1) = x_0 - y_0^2 = -1$

式(5)の関数の導関数に初期条件を入れると，

$$f'(x_0, y_0) = 1 - 2x_0 y_0 + 2y_0^3 = 3, \quad f''(x_0, y_0) = -8, \quad f'''(x_0, y_0) = 34, \cdots$$

これらの値を式(2)に代入すると，

$$y_1 = y(x_1) = y(x_0 + h) = 1 - h + \frac{3}{2}h^2 - \frac{8}{6}h^3 + \frac{34}{24}h^4 - \cdots \qquad (8)$$

式(8)に $h = 0.05$ を入れると，$y_1 \doteqdot 0.9535917$

次に y_2 を求めることになるが，y_2 の値を求めるには $x_2 = x_1 + h = x_0 + 2h$ であるから，式(8)より，

$$y_2 = y(x_0 + 2h) = 1 - 2h + \frac{3}{2}(2h)^2 - \frac{8}{6}(2h)^3 + \frac{34}{24}(2h)^4 - \cdots$$

$$\doteqdot 0.9137929$$

i	x_i	y_i	i	x_i	y_i
0	0.00	1.0000000	11	0.55	0.7335415
1	0.05	0.9535917	12	0.60	0.7150720
2	0.10	0.9137929	13	0.65	0.6906222
3	0.15	0.8798495	14	0.70	0.6572999
4	0.20	0.8511040	15	0.75	0.6116700
5	0.25	0.8269369	16	0.80	0.5496960
6	0.30	0.8067085	17	0.85	0.4666823
7	0.35	0.7897013	18	0.90	0.3572156
8	0.40	0.7750614	19	0.95	0.2151070
9	0.45	0.7617404	20	1.00	0.0333335
10	0.50	0.7484375			

(平田光穂ほか著，「パソコンによる数値計算」，朝倉書店（1982）より改変)

同様に，y_3 の値を求めるには $x_3=x_0+3h$ であるから，

$$y_3=y(x_0+3h)=1-3h+\frac{3}{2}(3h)^2-\frac{8}{6}(3h)^3+\frac{34}{24}(3h)^4-\cdots$$

$$\fallingdotseq 0.8798495$$

同じように次々と y の値を計算することができ，このようにして計算した結果は前ページの表のようになる。

> **クリック**
>
> テイラー級数展開法では，計算に先立って関数 $f(x,y)$ の導関数 $f'(x,y)$，$f''(x,y)$ などを求めておく必要があり，高次になると導関数を求める微分が複雑になって，場合によっては，その導関数が求まらないこともある。また，計算するときにはどうしても有限項で打ち切らざるを得ない。そんなわけで，テイラー級数展開法そのものが実際の数値計算に利用されることは少ない。

8.2 オイラー法

1階常微分方程式の数値解法として，もっとも簡単なのが**オイラー（Euler）法**であり，"微分方程式 $dy/dx=f(x,y)$ の解 $y=y(x)$ の**テイラー級数展開を第2項までで打ち切って**，初期値 y_0 から順次 y の値を求めていく方法"である。

初期条件「$x=x_0$ のとき $y=y_0$」のもとで $dy/dx=f(x,y)$ を解くことにし，x のきざみ幅を h として，x_0, $x_1(=x_0+h)$, $x_2(=x_1+h)$, …, $x_{i+1}(=x_i+h)$ に対応する y の値を y_0, y_1, …, y_{i+1} とする。

微分方程式の解が $y=y(x)$ であるとすれば，初期条件より $y_0=y(x_0)$ である。また，第8.1節の式(2)において右辺の第2項までで打ち切ると次式が得られる。

$$y_1=y_0+hf(x_0,y_0) \tag{1}$$

式(1)の y_1 は初期値 (x_0,y_0) が与えられているから直ちに求まり，求まった y_1 を用いて次式より y_2 が求まる。

第8章　1階常微分方程式を解く

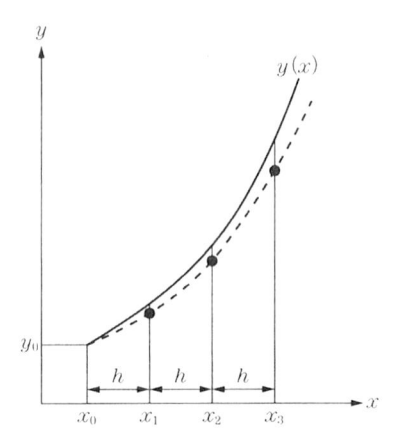

図8.1　オイラー法による近似解

$$y_2 = y_1 + hf(x_1, y_1) \tag{2}$$

オイラー法は，このように初期値 y_0 から順次 y_1, y_2, …を求めていく簡単で分かりやすい方法なのである。

なお，式(1)と式(2)を一般化して表すと次式のようになる。

$$y_{i+1} = y_i + hf(x_i, y_i) \tag{3}$$

この方法は，初期値 (x_0, y_0) からはじまり，真の解の**折れ線近似**を行うことに相当しており，きざみ幅 h の値を小さくとらないと誤差が大きくなる。また，きざみ幅 h を小さくとっても x の増加とともに**誤差が累積**していく（図8.1）。

例題 8.3

次の微分方程式を，きざみ幅 $h=1$ の場合と $h=0.5$ の場合についてオイラー法で解け。ただし，初期条件は「$x_0=0$ のとき $y_0=2$」とする。

$$\frac{dy}{dx} = 1 - y$$

解

$f(x,y) = 1-y$ であるから，$y_0 = 2$，$y_{i+1} = y_i + h(1-y_i) = h + (1-h)y_i$，$x_{i+1} = x_i + h$ として，順番に計算すればよい。

$h=1$ の場合

x	0	1	2	3	⋯
y	2	1	1	1	⋯

$h=0.5$ の場合

x	0	0.5	1.0	1.5	2.0	⋯
y	2	1.5	1.25	1.125	1.0625	⋯

なお，与えられた微分方程式は解析的にも解けて，その厳密解は $y=1+e^{-x}$ となる（図 8.2）。

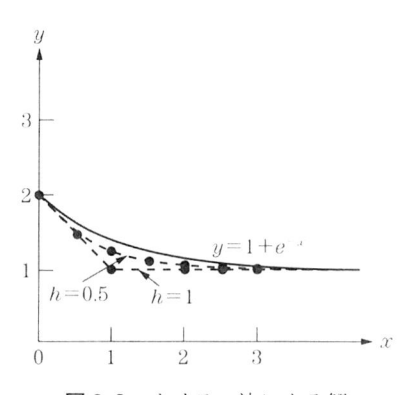

図 8.2 オイラー法による解

例題 8.4

次の微分方程式をオイラー法で解け。ただし，初期条件は「$x_0=0$ のとき $y_0=2$」，きざみ幅は $h=0.5$ とする。また，ステップ数（繰り返し計算の回数）は 20 回とする。

$$\frac{dy}{dx} = \frac{xy}{x^2+1} \quad (\text{厳密解は } y=2\sqrt{x^2+1}\,)$$

第8章　1階常微分方程式を解く

解

Excel ファイル「ex-08.2.1」を開いてみよ。

ナビ

Excel ファイル「ex-08.2.1」はオイラー法の Excel シートと VBA プログラムである（図 8.2.1）。プログラムでは，1階常微分方程式を $dy/dx = f(x,y)$ と表したとき，その関数 $f(x,y)$ を ［Function］に入力するようになっている。

シートには厳密解との比較も示してあるが，ステップ数につれて（x の値が大きくなるとともに）誤差が大きくなることが理解できると思う。なお，シート上に示した厳密解の計算（ワークシートでの計算式）は，関数形が変われば変更しなければならない。また，厳密解が得られない場合には，この部分を消去しておかないと誤解を招く。

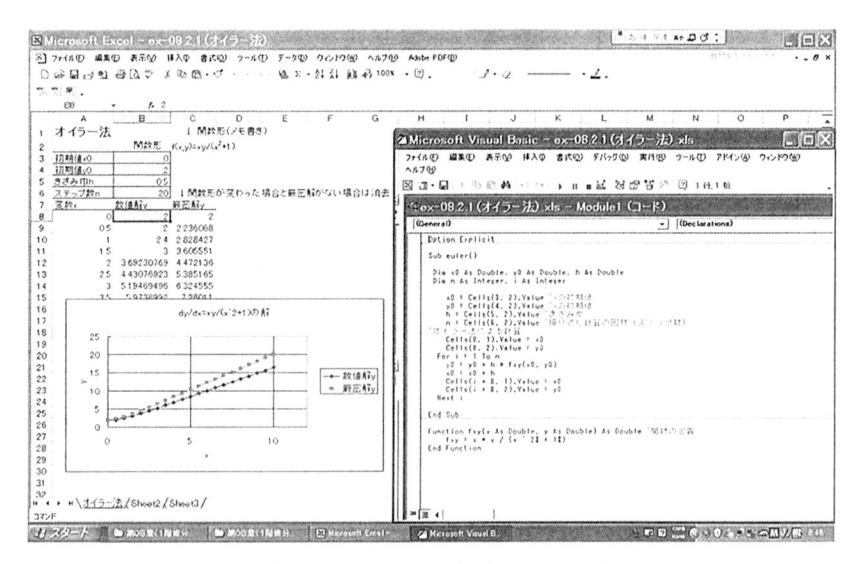

図 8.2.1　オイラー法「ex-08.2.1」

問 8.1

次の微分方程式をオイラー法で解け。ただし，初期条件は「$x_0=2$ のとき $y_0=1$」，きざみ幅は $h=0.1$ とする。また，ステップ数は20とする（とくに，規定するものではない）。

$$2y\frac{dy}{dx}=x+1 \quad \left(厳密解は\ y^2=\frac{x^2}{2}+x-3\right)$$

8.3 変形オイラー法

オイラー法には**大きな欠点**がある。それは，$dy/dx(=y'(x)=f(x,y))$ の値として，きざみ幅 h の各区間の**始点における値**を採用していることである。そのため，対象とする区間内で dy/dx の値が急激に変化するようなときには，その dy/dx の値は区間全体の平均的な値の近似値としては誤差の大きな値になってしまう。そのため，その誤差が先の区間へ進むに従って次第に累積していくのである。

これを解決するには，x のきざみ幅 h を非常に小さくするか，各区間の dy/dx の平均値（近似値）として最もよいものを採用するかのいずれかである。後者の "各区間における dy/dx の平均値として，どのような値を用いるか" ということについてはいろいろな工夫がなされているが，その1つの方法が**変形オイラー法**である。

変形オイラー法とは "初期値のほかにもう1つの**出発値**を用意しておいて，次式(1)によって次々と近似解を求めていく方法" である。

$$y_{i+1}=y_{i-1}+2hf(x_i,y_i) \tag{1}$$

つまり，点 (x_i,y_i) において傾き $y'(x_i)(=f(x_i,y_i))$ を持つ直線を，その1つ前の点 (x_{i-1},y_{i-1}) を通るように**平行移動**して，その直線と直線 $x=x_i+h$ との交点を (x_{i+1},y_{i+1}) とする（図 8.3）。そうすると，次式(2)の関係（すなわち式(1)）が成り立つので，この y_{i+1} を次の近似解とするのである。

$$y'(x_i)=\left(\frac{dy}{dx}\right)_{x=x_i,y=y_i}=f(x_i,y_i)=\frac{y_{i+1}-y_{i-1}}{2h} \tag{2}$$

第 8 章　1 階常微分方程式を解く

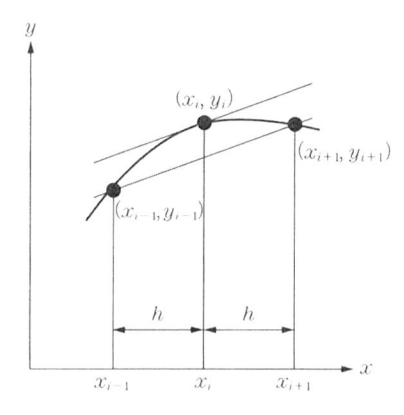

図 8.3　変形オイラー法

具体的に解を求めていく過程はオイラー法とまったく同じである。ただ，**初期値** (x_0, y_0) と**出発値** (x_1, y_1) （y_1 の値はオイラー法を用いて決めればよい）の 2 点をあらかじめ与えておかなければならないという複雑さがある。また，微分方程式の形によっては解が**振動**して求まらない場合もでてくる。

例題 8.5

［例題 8.4］で与えられた微分方程式を，［例題 8.4］と同じ初期条件，きざみ幅のもとで，変形オイラー法によって解け。ただし，ステップ数は 19 とする。

解

Excel ファイル「ex-08.3.1」を開いてみよ。

◆ナビ

Excel ファイル「ex-08.3.1」は変形オイラー法の Excel シートと VBA プログラムである（図 8.3.1）。オイラー法で出発値を決める部分を除いて，オイラー法とほぼ同じプログラム構成になっている。

8.3 変形オイラー法

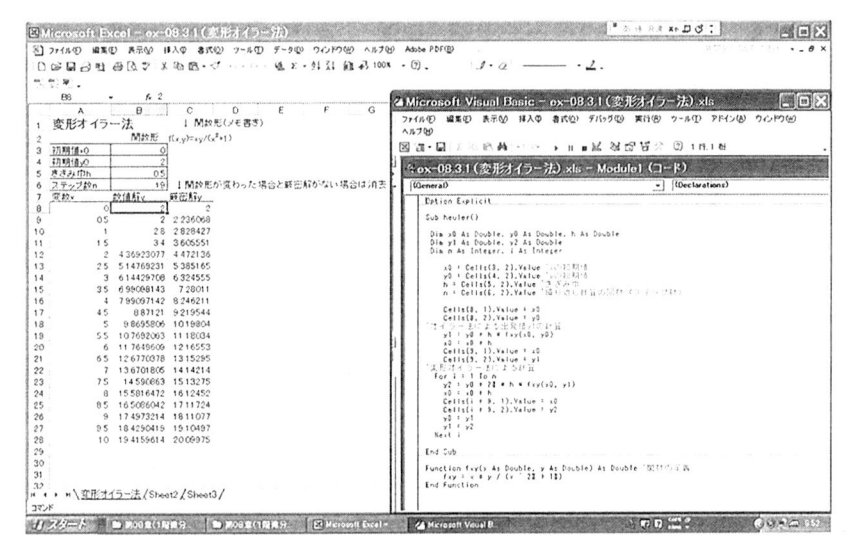

図 8.3.1 変形オイラー法「ex-08.3.1」

クリック

Excel シート「ex-08.2.1」と「ex-08.3.1」を比較してもらいたい。変形オイラー法を採用すると，1 階常微分方程式の数値解がかなり改善されることが分かる。

問 8.2

次の微分方程式を変形オイラー法で解け。ただし，初期条件は「$x_0=0$ のとき $y_0=1$」とし，きざみ幅は $h=0.1$ とする。

$$(x^3+1)\frac{dy}{dx}=3x^2y \quad (厳密解は \ y=x^3+1)$$

125

8.4　修正オイラー法

初期値 (x_0, y_0) が与えられたとき，オイラー法を採用すれば，最初の区間 $[x_0,\ x_0+h]$ の近似解 y_1 は次式で求められる。

$$y_1 = y_0 + hf(x_0, y_0) = y_0 + h\left(\frac{dy}{dx}\right)_{x=x_0, y=y_0} \tag{1}$$

修正オイラー法も，変形オイラー法と同じように，式(1)の dy/dx に対する**よりよい平均値**を求める方法であり，"各区間の始点と終点における dy/dx の値の平均値を次々と修正し，その修正した値をオイラー法に適用する方法" である。

修正値 y_1 を計算する場合を例として，その方法を以下に示す。

まず，1番目の y_1 の値 $y_1^{(1)}$ を式(1)のオイラー法を用いて次のように求める。

$$y_1^{(1)} = y_0 + hf(x_0, y_0) \tag{2}$$

この $y_1^{(1)}$ を用いて，2番目の y_1 の値 $y_1^{(2)}$ を次式によって求める。

$$y_1^{(2)} = y_0 + h\frac{f(x_0, y_0) + f(x_1, y_1^{(1)})}{2} \tag{3}$$

このような計算を繰り返すと，k 番目の y_1 の値 $y_1^{(k)}$ は次式で求められる。

$$y_1^{(k)} = y_0 + h\frac{f(x_0, y_0) + f(x_1, y_1^{(k-1)})}{2} \tag{4}$$

そして，$y_1^{(k-1)}$ の値と $y_1^{(k)}$ の値がある許容範囲内で一致すれば，$y_1^{(k)}$ を y_1 の近似値として，次の区間の y の値 y_2 を y_1 の場合と同じように式(1)～式(4)から求める。このような計算を繰り返して次々と y の値を決めていくのであるが，式(4)を一般化して表すと次のようになる。

$$y_{i+1} = y_{i+1}^{(k)} = y_i + \frac{h}{2}\{f(x_i, y_i) + f(x_{i+1}, y_{i+1}^{(k-1)})\} \tag{5}$$

8.5　ホイン法

ホイン（Heun）法もオイラー法の改良型の1つで，この方法も**修正オイラー法**と呼ばれており，次のように，近似値 y_{i+1} を修正しながら求めていく方法で

ある。

第8.4節の式(5)右辺の $y_{i+1}^{(k-1)}$ を次式（すなわち，オイラー法による近似値）で置きかえる。

$$y_{i+1}^{(k-1)} = y_{i+1} = y_i + hf(x_i, y_i) = y_i + hy_i' \tag{1}$$

そうすると，第8.4節の式(5)は次のようになる。

$$y_{i+1} = y_i + \frac{h}{2}\{f(x_i, y_i) + f(x_{i+1}, y_i + hy_i')\} \tag{2}$$

ここで，$y_i' = f(x_i, y_i)$ であるから，初期値 (x_0, y_0) が与えられれば，式(2)の i を $i=0, 1, 2, \cdots$ と変えていくことにより逐次近似値が求められる。

ホイン法による実際の計算は，オイラー法で y_{i+1} の値を先に求め（これを $y_{i+1}^{(0)}$ と書く），次式を用いて y_{i+1} の値を修正することによって行われる。

$$y_{i+1} = y_i + \frac{h}{2}\{f(x_i, y_i) + f(x_{i+1}, y_{i+1}^{(0)})\} \tag{3}$$

このように，先に求めた近似解のことを**予測子**，後で求めた解を**修正子**といい，予測子と修正子を対にして近似解を求める方法を**予測子・修正子法**とよぶ。

例題 8.6

初期条件「$x_0=0$ のとき $y_0=1$」のもとで，微分方程式 $dy/dx = y$ をホイン法で解け。ただし，きざみ幅は $h=0.1$ とする。

解

$f(x, y) = y$ であるから，式(3)に相当する式は次のようになる。

$$y_{i+1} = y_i + \frac{h}{2}(y_i + y_{i+1}^{(0)})$$

したがって，オイラー法と上の式を交互に用いれば，y の値が順次得られる。

$x_1 = x_0 + h = 0 + 0.1 = 0.1$ に対して，
$y_1^{(0)} = y_0 + hy_0 = 1 + 0.1(1) = 1.1$ となるから，
$y_1 = y_0 + h(y_0 + y_1^{(0)})/2 = 1 + 0.1(1+1.1)/2 = 1.105$
$x_2 = x_1 + h = 0.1 + 0.1 = 0.2$ に対して，

第 8 章　1 階常微分方程式を解く

$y_2^{(0)} = y_1 + hy_1 = 1.105 + 0.1(1.105) = 1.2155$ となるから，
$y_2 = y_1 + h(y_1 + y_2^{(0)})/2 = 1.105 + 0.1(1.105 + 1.2155)/2 = 1.221025$
…………

以下，同様の計算を進めていけばよい。

例題 8.7

［例題 8.4］で与えられた微分方程式をホイン法で解け。また，初期条件，きざみ幅も［例題 8.4］と同じにする。

ナビ

Excel ファイル「ex-08.5.1」はホイン法の Excel シートと VBA プログラムであるが，プログラムの構成はオイラー法や変形オイラー法とほぼ同じである（図 8.5.1）。

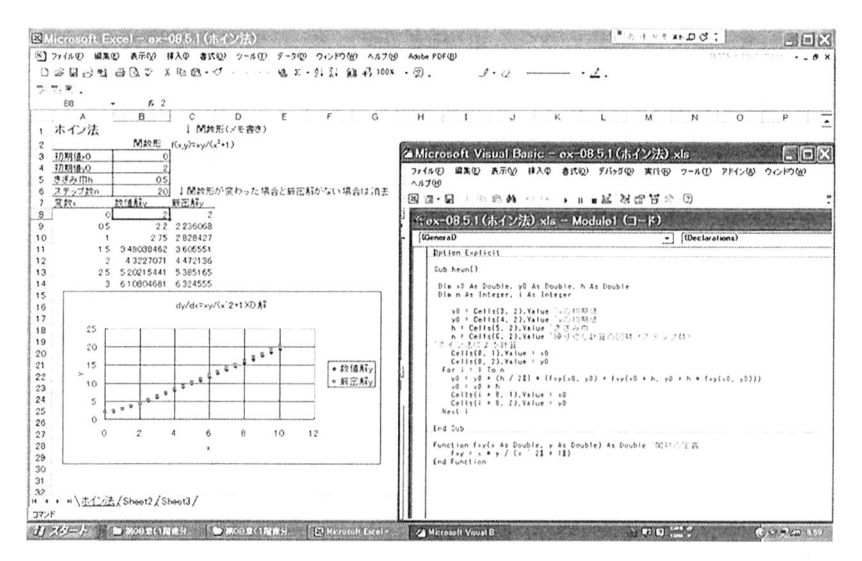

図 8.5.1　ホイン法「ex-08.5.1」

解

Excel ファイル「ex-08.5.1」を開いてみよ。

> **クリック**
> ホイン法による数値解はオイラー法に比べて大幅に改善され，変形オイラーよりも幾分精度が高くなるように思われる。

問 8.3

次の微分方程式をホイン法で解け。ただし，初期条件は「$x_0=0$ のとき $y_0=1$」とし，きざみ幅は $h=0.1$ とする。

$$\frac{dy}{dx}+y=xe^{-x} \quad \left(厳密解は\ y=\left(\frac{x^2}{2}+1\right)e^{-x}\right)$$

8.6 ミルン法

ミルン（Milne）法は予測子・修正子法の解法の1つで，ニュートンの後進形補間式から導かれる次のミルンの公式（章末の【数学講座Ⅰ】を参照）によって，1階常微分方程式 $dy/dx=f(x,y)$ の数値解を求める方法である。

$$\text{予測子：}y_{i+1}=y_{i-3}+\frac{4}{3}h(2f_i-f_{i-1}+2f_{i-2}) \tag{1}$$

$$\text{修正子：}y_{i+1}=y_{i-1}+\frac{1}{3}h(f_{i+1}+4f_i+f_{i-1}) \tag{2}$$

ここで，h はきざみ幅で $h=x_{i+1}-x_i$，また，$f_i=f(x_i,y_i)$ である。

初期条件「$x=x_0$ のとき $y=y_0$」のもとで微分方程式 $dy/dx=f(x,y)$ をミルン法で解くには，4つの出発値 (x_1,y_1)，(x_2,y_2)，(x_3,y_3)，(x_4,y_4) が必要となる。出発値が決まると，$f_1=f(x_1,y_1)$，$f_2=f(x_2,y_2)$，$f_3=f(x_3,y_3)$，$f_4=f(x_4,y_4)$

の値が分かるので，式(1)を用いてy_5の**近似解**（これを$y_5^{(1)}$とおく）が次のように求められる。

$$y_5^{(1)} = y_1 + \frac{4}{3} h (2f_4 - f_3 + 2f_2) \tag{3}$$

式(3)によって$y_5^{(1)}$が求まると，$f_5 = f(x_5, y_5^{(1)})$の値が分かるので，今度は式(2)を用いて$y_5^{(1)}$の**修正解**（これを$y_5^{(2)}$とおく）が次のように求められる。

$$y_5^{(2)} = y_3 + \frac{1}{3} h (f_5 + 4f_4 + f_3) \tag{4}$$

式(4)で求めた$y_5^{(2)}$と式(3)で求めた$y_5^{(1)}$が，次式(5)に示す誤差E（章末の【数学講座Ⅰ】を参照）の範囲内であれば，$y_5^{(2)}$をy_5の正しい値と判断して順次y_6，y_7，…を求める計算を繰り返す。

$$E \fallingdotseq \frac{y_5^{(2)} - y_5^{(1)}}{29} \tag{5}$$

もし，$y_5^{(2)}$と$y_5^{(1)}$が式(5)の範囲内で一致しないときには，きざみ幅hをさらに小さな値にとって，最初から計算をやり直さなければならない。

なお，出発値は別の適当な方法で決めればよい。しかし，適当な方法といってもy_5以降の値に大きく影響するため，できるだけ精度の高い値が望ましい。思い浮かぶのはすでに述べた修正オイラー法（ホイン法）によって決める方法であるが，次のように**オイラー法と変形オイラー法を併用**する方法もある。

まず，y_1の近似解（これを$y_1^{(1)}$とおく）をオイラー法（次式(6)）によって求める。$y_1^{(1)}$が求められるとf_1が分かるので$y_2^{(1)}$が変形オイラー法（次式(7)）によって求められ，これから$y_3^{(1)}$が，そして$y_4^{(1)}$が順次変形オイラー法（次式(8)，(9)）によって求められる。

$$y_1^{(1)} = y_0 + hf(x_0, y_0) \tag{6}$$
$$y_2^{(1)} = y_0 + 2hf(x_1, y_1^{(1)}) \tag{7}$$
$$y_3^{(1)} = y_1^{(1)} + 2hf(x_2, y_2^{(1)}) \tag{8}$$
$$y_4^{(1)} = y_2^{(1)} + 2hf(x_3, y_3^{(1)}) \tag{9}$$

次に，出発値の精度を高めるために，$y_1^{(1)}$，$y_2^{(1)}$，$y_3^{(1)}$，$y_4^{(1)}$を用いてf_1，f_2，f_3，f_4を求め，ニュートンの前進形補間式から導かれる次式（章末の【数学講座Ⅱ】を参照）によって修正する（これらを$y_1^{(2)}$，$y_2^{(2)}$，…とおく）。

$$y_1^{(2)} = y_0 + \frac{h}{720}(251f_0 + 646f_1 - 264f_2 + 106f_3 - 19f_4) \tag{10}$$

$$y_2^{(2)} = y_0 + \frac{h}{90}(29f_0 + 124f_1 + 24f_2 + 4f_3 - f_4) \tag{11}$$

$$y_3^{(2)} = y_0 + \frac{h}{80}(27f_0 + 102f_1 + 72f_2 + 42f_3 - 3f_4) \tag{12}$$

$$y_4^{(2)} = y_0 + \frac{h}{45}(14f_0 + 64f_1 + 24f_2 + 64f_3 + 14f_4) \tag{13}$$

このようにして求めた $y_1^{(2)}$,$y_2^{(2)}$,$y_3^{(2)}$,$y_4^{(2)}$ とそれぞれの前の修正値との差が許容範囲内になるまで式(10)～式(13)を繰り返し，許容範囲内になったとき，それらを出発値 y_1, y_2, y_3, y_4 としてミルン法の計算をはじめる。

例題 8.8

次の微分方程式をミルン法によって解け。ただし，初期条件を「$x_0=1.8$ のとき $y_0=0$」とし，きざみ幅を $h=0.2$ とする。

$$\frac{dy}{dx} = x + 0.1y^2$$

ただし，出発値は修正オイラー法で求めた次の値を用いよ。

i	1	2	3	4
x_i	2.0	2.2	2.4	2.6
y_i	0.38	0.81	1.29	1.84
$(dy/dx)_{x_i,y_i}$	2.01	2.27	2.57	2.94

(平田光穂監訳，「化学技術者のための応用数学」，丸善 (1968) より改変)

解

まず，出発値 y_4 の精度を確かめてみる。

第8章　1階常微分方程式を解く

$$y_4^{(1)} = 0 + \frac{4(0.2)}{3}\{2(2.57) - 2.27 + 2(2.01)\} = 1.84$$

よって，$\dfrac{dy}{dx} = 2.6 + 0.1(1.84)^2 = 2.94$

$$y_4^{(2)} = 0.81 + \frac{0.2}{3}\{2.94 + 4(2.57) + 2.27\} = 1.84$$

したがって，$E = \dfrac{1.84 - 1.84}{29} = 0$ となり，誤差範囲内であるから次の計算に進む。

$$y_5^{(1)} = 0.38 + \frac{0.8}{3}\{2(2.94) - 2.57 + 2(2.27)\} = 2.47$$

よって，$\dfrac{dy}{dx} = 2.80 + 0.1(2.47)^2 = 3.40$

$$y_5^{(2)} = 1.29 + \frac{0.2}{3}\{3.40 + 4(2.94) + 2.57\} = 2.47$$

$$y_6^{(1)} = 0.81 + \frac{0.8}{3}\{2(3.40) - 2.94 + 2(2.57)\} = 3.22$$

よって，$\dfrac{dy}{dx} = 3.0 + 0.1(3.22)^2 = 4.04$

$$y_6^{(2)} = 1.84 + \frac{0.2}{3}\{4.04 + 4(3.41) + 2.94\} = 3.22$$

…………

以下，同様の計算を進めていけばよい。

例題 8.9

[例題8.4] で与えられた微分方程式をミルン法で解け。また，初期条件，きざみ幅も [例題8.4] と同じにするが，ステップ数は17とする。

解

Excelファイル「ex-08.6.1」を開いてみよ。

8.6 ミルン法

ナビ

Excel ファイル「ex-08.6.1」はミルン法の Excel シートと VBA プログラムであり，プログラムでは，［サブプログラム］を用いて出発値を決めている（図 8.6.1）。

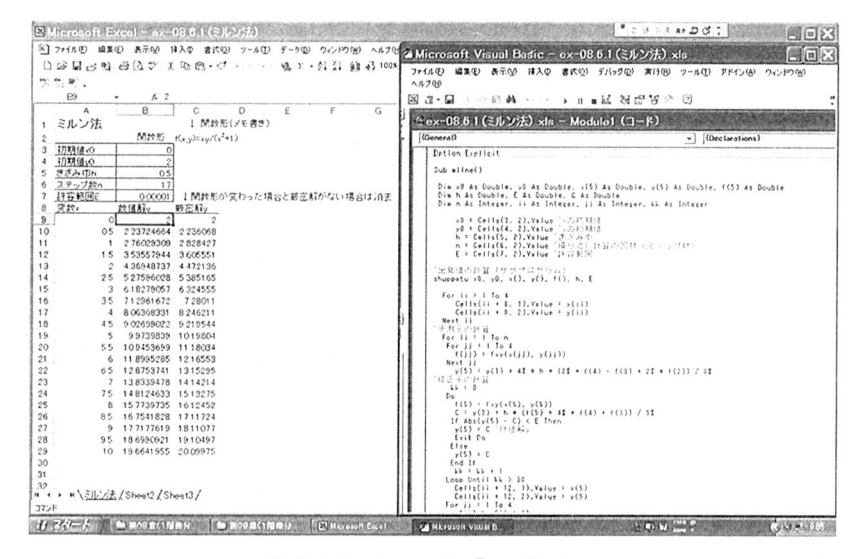

図 8.6.1　ミルン法「ex-08.6.1」

クリック

ミルン法は考え方も扱う数式もかなり複雑であり，それに相応してプログラムも煩雑になる。その分，これまで述べてきた 1 階常微分方程式の数値解法よりも高精度の数値解が得られるが，工学上の実用性という面では，次の第 8.7 節で説明するルンゲ・クッタ法には及ばないように思う。

問 8.4

次の微分方程式（ベルヌーイ（Bernoulli）の微分方程式という）をミルン法で解け。ただし、初期条件は「$x_0=0$ のとき $y_0=0.5$」とし、きざみ幅は $h=0.05$、ステップ数を 17 とする。

$$\frac{dy}{dx}=y(1+xy) \quad \left(\text{厳密解は } y=\frac{1}{1-x+e^{-x}}\right)$$

8.7 ルンゲ・クッタ法

ルンゲ・クッタ（Runge-Kutta）法は、上述してきた1階常微分方程式の数値解法とは異なる概念のもとに考案されたものであり、"x の増分に対応する y の増分を直接計算できるようにした公式（章末の【数学講座Ⅲ】を参照）に基づく方法"で、オイラー法などより少し複雑だが、精度の高い数値解法である。

微分方程式 $dy/dx=f(x,y)$ を、初期条件「$x=x_0$ のとき $y=y_0$」のもとでルンゲ・クッタ法によって解くことにする。

x の値のきざみ幅を h とすると、$x_{i+1}=x_i+h$ ($i=0, 1, 2, \cdots$) に対する y_{i+1} の値を求める **4次の公式**は次のとおりである。

$$y_{i+1}=y_i+\frac{1}{6}(k_1+2k_2+2k_3+k_4) \tag{1}$$

ただし、$k_1=hf(x_i,y_i)$ \hfill (2)

$$k_2=hf\left(x_i+\frac{h}{2},\ y_i+\frac{k_1}{2}\right) \tag{3}$$

$$k_3=hf\left(x_i+\frac{h}{2},\ y_i+\frac{k_2}{2}\right) \tag{4}$$

$$k_4=hf(x_i+h, y_i+k_3) \tag{5}$$

式(1)～式(5)を繰り返して計算することにより、$x_1, x_2, x_3, \cdots$ に対する y の値 $y_1, y_2, y_3, \cdots$ を順次求めることができる。このように求めた y_{i+1} は h の5乗以上を省略すれば、y_{i+1} を h についてテイラー級数に展開したものと一致する（章末の【数学講座Ⅲ】を参照）。したがって、きざみ幅 h を適当に小さくと

れば，十分に正確な y_{i+1} の値が得られることになる。

> **クリック**
>
> 1階常微分方程式 $dy/dx=f(x,y)$ の右辺が x だけの関数，すなわち $dy/dx=f(x)$ であれば，4次のルンゲ・クッタの公式における変数 $k_1 \sim k_4$ は次のようになる。
>
> $$k_1=hf(x_i),\ k_2=hf\left(x_i+\frac{h}{2}\right),\ k_3=hf\left(x_i+\frac{h}{2}\right),\ k_4=hf(x_i+h)$$
> (a)
>
> 式(a)を式(1)に代入すると，
>
> $$y_{i+1}-y_i=\frac{h}{6}\left\{f(x_i)+2f\left(x_i+\frac{h}{2}\right)+2f\left(x_i+\frac{h}{2}\right)+f(x_i+h)\right\}$$
>
> $$=\frac{h}{6}\left\{f(x_i)+4f\left(x_i+\frac{h}{2}\right)+f(x_i+h)\right\} \quad (b)$$
>
> 式(b)において $h/2$ を h に置きかえると，
>
> $$y_{i+1}-y_i=\frac{h}{3}\{f(x_i)+4f(x_i+h)+f(x_i+2h)\}$$
>
> $$=\frac{h}{3}\{f(x_i)+4f(x_{i+1})+f(x_{i+2})\} \quad (c)$$
>
> 式(c)は**シンプソンの公式**（第5章を参照）と一致することから，微分方程式が $dy/dx=f(x)$ である場合には，4次のルンゲ・クッタの公式はシンプソンの公式に帰着する。

例題 8.10

[例題8.3] で与えられた次の微分方程式をルンゲ・クッタ法によって解け。ただし，初期条件を「$x_0=0$ のとき $y_0=2$」とし，きざみ幅を $h=1$ とする。

$$\frac{dy}{dx} = 1 - y$$

解

まず，$x_1 = x_0 + h = 1$ に対する y_1 の値を求める。
$f(x, y) = 1 - y$ であるから，$k_1 \sim k_4$ の値は次のようになる。

$$k_1 = hf(x_0, y_0) = h(1 - y_0) = (1)(1 - 2) = -1$$

$$k_2 = hf\left(x_0 + \frac{h}{2},\ y_0 + \frac{k_1}{2}\right) = (1)\left\{1 - 2 - \left(-\frac{1}{2}\right)\right\} = -\frac{1}{2}$$

$$k_3 = hf\left(x_0 + \frac{h}{2},\ y_0 + \frac{k_2}{2}\right) = (1)\left\{1 - 2 - \left(-\frac{1}{4}\right)\right\} = -\frac{3}{4}$$

$$k_4 = hf(x_0 + h, y_0 + k_3) = (1)\left\{1 - 2 - \left(-\frac{3}{4}\right)\right\} = -\frac{1}{4}$$

したがって，y_1 は次のように求まる。

$$y_1 = y_0 + \frac{1}{6}(k_1 + 2k_2 + 2k_3 + k_4)$$

$$= 2 + \frac{1}{6}\left\{-1 + 2\left(-\frac{1}{2}\right) + 2\left(-\frac{3}{4}\right) + \left(-\frac{1}{4}\right)\right\} = \frac{11}{8} \fallingdotseq 1.37$$

次に，$x_2 = x_1 + h = 2$ に対する y_2 の値を求める。

$$k_1 = hf(x_1, y_1) = h(1 - y_1) = (1)\left(1 - \frac{11}{8}\right) = -\frac{3}{8}$$

$$k_2 = hf\left(x_1 + \frac{h}{2},\ y_1 + \frac{k_1}{2}\right) = (1)\left\{1 - \frac{11}{8} - \left(-\frac{3}{16}\right)\right\} = -\frac{3}{16}$$

$$k_3 = hf\left(x_1 + \frac{h}{2},\ y_1 + \frac{k_2}{2}\right) = (1)\left\{1 - \frac{11}{8} - \left(-\frac{3}{32}\right)\right\} = -\frac{9}{32}$$

$$k_4 = hf(x_1 + h, y_1 + k_3) = (1)\left\{1 - \frac{11}{8} - \left(-\frac{9}{32}\right)\right\} = -\frac{3}{32}$$

したがって，y_2 は次のように求まる。

$$y_2 = y_1 + \frac{1}{6}(k_1 + 2k_2 + 2k_3 + k_4)$$

$$= \frac{11}{8} + \frac{1}{6}\left(-\frac{3}{8} - 2\times\frac{3}{16} - 2\times\frac{9}{32} - \frac{3}{32}\right) = \frac{73}{64} \fallingdotseq 1.14$$

この操作を順次繰り返すことによって，x_1, x_2, x_3, …に対応する y_1, y_2, y_3, …の値が求まる。

例題 8.11

[例題 8.4] で与えられた微分方程式をルンゲ・クッタ法で解け。また，初期条件，きざみ幅も [例題 8.4] と同じにする。

ナビ

Excel ファイル「ex-08.7.1」はルンゲ・クッタ法の Excel シートと VBA プログラムであるが，プログラムの構成はオイラー法や変形オイラー法とほぼ同じである（図 8.7.1）。

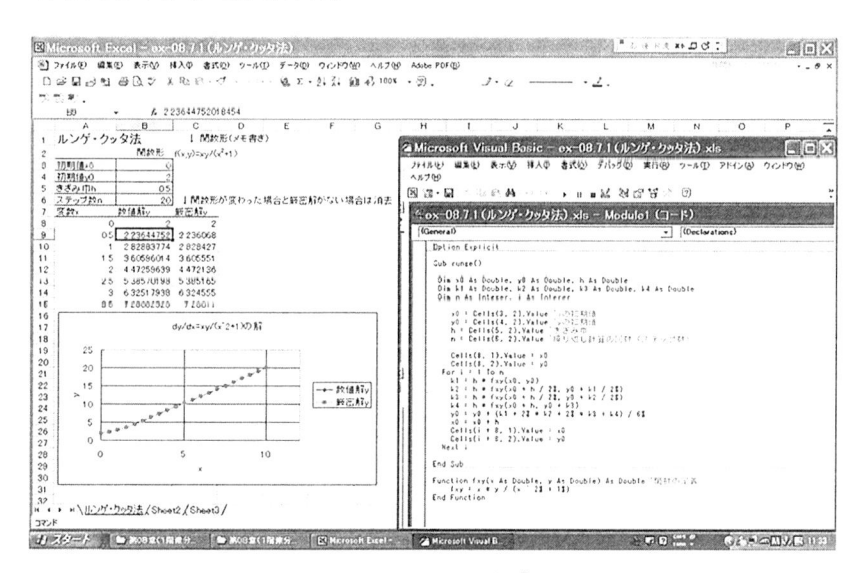

図 8.7.1　ルンゲ・クッタ法「ex-08.7.1」

第 8 章　1 階常微分方程式を解く

■ 解

Excel ファイル「ex-08.7.1」を開いてみよ。

> **クリック**
>
> ルンゲ・クッタ法による数値解はオイラー法に比べて大幅に改善され，しかも，変形オイラーやホイン法よりも高い精度が期待できる。したがって，工学上の数値計算には最も適した方法であろう。

■ 問 8.5

次の微分方程式をルンゲ・クッタ法で解け。ただし，初期条件は「$x_0=0$ のとき $y_0=3$」とし，きざみ幅は $h=0.1$ とする。

$$(x+1)\frac{dy}{dx}+y=x \qquad \left(厳密解は\ y=\frac{x^2+6}{2x+2}\right)$$

数学講座 I　ミルンの公式を導く

ニュートンの後進形補間式（第1章【数学講座】を参照）は次式で与えられる。

$$y = y_n + q \triangle^1 y_n + \frac{q(q+1)}{2!} \triangle^2 y_n + \frac{q(q+1)(q+2)}{3!} \triangle^3 y_n$$

$$+ \frac{q(q+1)(q+2)(q+3)}{4!} \triangle^4 y_n + \cdots$$

$$+ \frac{q(q+1)(q+2)\cdots(q+n-1)}{n!} \triangle^n y_n \qquad (1)$$

ただし，$q = \dfrac{x - x_n}{h}$, $h = x_i - x_{i-1}$ $(i = n, n-1, \cdots, 2, 1)$

いま，1階常微分方程式 $dy/dx = f(x, y)$ の解が次のように表されるとする。

x	x_0	x_1	x_2	x_3	x_4
y	y_0	y_1	y_2	y_3	y_4
$f(x,y)$	f_0	f_1	f_2	f_3	f_4

x_4 を基準点とし，この表の値を用いて $f(x, y)$ をニュートンの後進形補間式 (1) で表すと次式のようになる。

$$f(x, y) = f_4 + q \triangle^1 f_4 + \frac{q(q+1)}{2} \triangle^2 f_4 + \frac{q(q+1)(q+2)}{6} \triangle^3 f_4$$

$$+ \frac{q(q+1)(q+2)(q+3)}{24} \triangle^4 f_4$$

$$= f_4 + q \triangle^1 f_4 + (q^2 + q) \frac{\triangle^2 f_4}{2} + (q^3 + 3q^2 + 2q) \frac{\triangle^3 f_4}{6}$$

$$+ (q^4 + 6q^3 + 11q^2 + 6q) \frac{\triangle^4 f_4}{24} \qquad (2)$$

ただし，$q = \dfrac{x - x_4}{h}$ であり，$dx = h \, dq$

また，$x = x_4$ のとき $q = 0$, $x = x_0$ のとき $q = -4$ となる。

第8章　1階常微分方程式を解く

ここで，$y_4-y_0=\int_{x_0}^{x_4}f(x,y)dx$ であるから，この $f(x,y)$ に式(2)を代入して積分すると，

$$y_4-y_0=h\left[qf_4+\frac{q^2}{2}\varDelta^1f_4+\left(\frac{q^3}{3}+\frac{q^2}{2}\right)\frac{\varDelta^2f_4}{2}+\left(\frac{q^4}{4}+q^3+q^2\right)\frac{\varDelta^3f_4}{6}\right.$$

$$\left.+\left(\frac{q^5}{5}+\frac{3q^4}{2}+\frac{11q^3}{3}+3q^2\right)\frac{\varDelta^4f_4}{24}\right]_{-4}^{0}$$

$$=h\left(4f_4-8\varDelta^1f_4+\frac{20}{3}\varDelta^2f_4-\frac{8}{3}\varDelta^3f_4+\frac{28}{90}\varDelta^4f_4\right) \quad (3)$$

一方，式(3)の各階差は次のように与えられる。

$\varDelta^1f_4=f_4-f_3$

$\varDelta^2f_4=\varDelta^1f_4-\varDelta^1f_3=f_4-2f_3+f_2$

$\varDelta^3f_4=\varDelta^2f_4-\varDelta^2f_3=f_4-3f_3+3f_2-f_1$

これらを式(3)に代入して整理すると次式が得られる。

$$y_4=y_0+\frac{4h}{3}(2f_3-f_2+2f_1)+\frac{28}{90}h\varDelta^4f_4 \quad (4)$$

同様に x_4 を基準点に選ぶと，$x=x_4$ のとき $q=0$，$x=x_2$ のとき $q=-2$ で，$y_4-y_2=\int_{x_2}^{x_4}f(x,y)dx$ であるから，この $f(x,y)$ に式(2)を代入して積分すると，

$$y_4-y_2=h\left[qf_4+\frac{q^2}{2}\varDelta^1f_4+\left(\frac{q^3}{3}+\frac{q^2}{2}\right)\frac{\varDelta^2f_4}{2}+\left(\frac{q^4}{4}+q^3+q^2\right)\frac{\varDelta^3f_4}{6}\right.$$

$$\left.+\left(\frac{q^5}{5}+\frac{3q^4}{2}+\frac{11q^3}{3}+3q^2\right)\frac{\varDelta^4f_4}{24}\right]_{-2}^{0}$$

$$=h\left(2f_4-2\varDelta^1f_4+\frac{1}{3}\varDelta^2f_4-\frac{1}{90}\varDelta^4f_4\right) \quad (5)$$

式(5)の階差 $\varDelta^1f_4$ と $\varDelta^2f_4$ を関数に直して整理すると次式が得られる。

$$y_4=y_2+\frac{h}{3}(f_4+4f_3+f_2)-\frac{1}{90}h\varDelta^4f_4 \quad (6)$$

ここで，式(4)と式(6)の第4階差 $\varDelta^4f_4$ の項を無視すると次式が得られる。

$$y_4 = y_0 + \frac{4}{3} h (2f_3 - f_2 + 2f_1) \tag{7}$$

$$y_4 = y_2 + \frac{1}{3} h (f_4 + 4f_3 + f_2) \tag{8}$$

式(7)と式(8)が**ミルンの公式**であり，これらを一般化すれば次式で表される。

予測子： $y_{i+1} = y_{i-3} + \frac{4}{3} h (2f_i - f_{i-1} + 2f_{i-2})$

修正子： $y_{i+1} = y_{i-1} + \frac{1}{3} h (f_{i+1} + 4f_i + f_{i-1})$

ところで，式(7)から得られる予測子を $y_4^{(1)}$，式(8)から得られる修正子を $y_4^{(2)}$ とすると，真値 y_4 は式(4)と式(6)より次のように表される。

$$y_4 = y_4^{(1)} + \frac{28}{90} h \varDelta^4 f_4 \tag{9}$$

$$y_4 = y_4^{(2)} - \frac{1}{90} h \varDelta^4 f_4 \tag{10}$$

ここで，式(10)−式(9)をとると，$y_4^{(2)} - y_4^{(1)} = \frac{29}{90} h \varDelta^4 f_4$ となり，

$$h \varDelta^4 f_4 = \frac{90}{29} (y_4^{(2)} - y_4^{(1)})$$

これを式(10)に代入すると，$y_4 = y_4^{(2)} - \frac{1}{29} (y_4^{(2)} - y_4^{(1)})$

したがって，修正子 $y_4^{(2)}$ と真値 y_4 との**誤差** E は次のように表される。

$$E = y_4^{(2)} - y_4 = \frac{y_4^{(2)} - y_4^{(1)}}{29}$$

第8章 1階常微分方程式を解く

数学講座 II　ミルン法の出発値の修正子を求める

1階常微分方程式 $dy/dx = f(x, y)$ の解が次のように与えられるとする。

x	x_0	x_1	x_2	x_3	x_4
y	y_0	y_1	y_2	y_3	y_4
$f(x,y)$	f_0	f_1	f_2	f_3	f_4

x_0 を基準点とし，この表の値を用いて $f(x, y)$ をニュートンの前進形補間式（第1章を参照）で表すと次式のようになる。

$$f(x,y) = f_0 + p\varDelta^1 f_0 + \frac{p(p-1)}{2!}\varDelta^2 f_0 + \frac{p(p-1)(p-2)}{3!}\varDelta^3 f_0$$

$$+ \frac{p(p-1)(p-2)(p-3)}{4!}\varDelta^4 f_0$$

$$= f_0 + p\varDelta^1 f_0 + (p^2 - p)\frac{\varDelta^2 f_0}{2} + (p^3 - 3p^2 + 2p)\frac{\varDelta^3 f_0}{6}$$

$$+ (p^4 - 6p^3 + 11p^2 - 6p)\frac{\varDelta^4 f_0}{24} \tag{1}$$

ただし，$p = \dfrac{x - x_0}{h}$

ここで，$y_1 - y_0 = \displaystyle\int_{x_0}^{x_1} f(x, y)dx$ であり，$dx = h\,dp$

また，$x = x_0$ のとき $p = 0$，$x = x_1$ のとき $p = 1$ であるから，$f(x, y)$ にニュートンの前進形補間式(1)を代入して積分すると次式が得られる。

$$y_1 - y_0 = h\left[pf_0 + \frac{p^2}{2}\varDelta^1 f_0 + \left(\frac{p^3}{3} - \frac{p^2}{2}\right)\frac{\varDelta^2 f_0}{2} + \left(\frac{p^4}{4} - p^3 + p^2\right)\frac{\varDelta^3 f_0}{6}\right.$$

$$\left.+ \left(\frac{p^5}{5} - \frac{3p^4}{2} + \frac{11p^3}{3} - 3p^2\right)\frac{\varDelta^4 f_0}{24}\right]_0^1$$

$$= h\left(f_0 + \frac{1}{2}\varDelta^1 f_0 - \frac{1}{12}\varDelta^2 f_0 + \frac{1}{24}\varDelta^3 f_0 - \frac{19}{720}\varDelta^4 f_0\right) \tag{2}$$

同様に，積分範囲を 0~2，0~3，0~4 にすると，次式が得られる。

$$y_2 - y_0 = h\left(2f_0 + 2\Delta^1 f_0 + \frac{1}{3}\Delta^2 f_0 - \frac{1}{90}\Delta^4 f_0\right) \tag{3}$$

$$y_3 - y_0 = h\left(3f_0 + \frac{9}{2}\Delta^1 f_0 + \frac{9}{4}\Delta^2 f_0 + \frac{3}{8}\Delta^3 f_0 - \frac{3}{80}\Delta^4 f_0\right) \tag{4}$$

$$y_4 - y_0 = h\left(4f_0 + 8\Delta^1 f_0 + \frac{20}{3}\Delta^2 f_0 + \frac{8}{3}\Delta^3 f_0 + \frac{14}{45}\Delta^4 f_0\right) \tag{5}$$

一方，式(2)~式(5)の各階差は次のように与えられる。

$\Delta^1 f_0 = f_1 - f_0$
$\Delta^2 f_0 = \Delta^1 f_1 - \Delta^1 f_0 = f_2 - 2f_1 + f_0$
$\Delta^3 f_0 = \Delta^2 f_1 - \Delta^2 f_0 = f_3 - 3f_2 + 3f_1 - f_0$
$\Delta^4 f_0 = \Delta^3 f_1 - \Delta^3 f_0 = f_4 - 4f_3 + 6f_2 - 4f_1 + f_0$

これらを式(2)~式(5)に代入して整理すると，**ミルン法における出発値の修正子**が次のように得られる。

$$y_1 = y_0 + \frac{h}{720}(251f_0 + 646f_1 - 264f_2 + 106f_3 - 19f_4)$$

$$y_2 = y_0 + \frac{h}{90}(29f_0 + 124f_1 + 24f_2 + 4f_3 - f_4)$$

$$y_3 = y_0 + \frac{h}{80}(27f_0 + 102f_1 + 72f_2 + 42f_3 - 3f_4)$$

$$y_4 = y_0 + \frac{h}{45}(14f_0 + 64f_1 + 24f_2 + 64f_3 + 14f_4)$$

第8章　1階常微分方程式を解く

数学講座III　ルンゲ・クッタの公式を導く

　ルンゲ・クッタの公式は何種類もあるが，数値計算法として一般に広く用いられている **4次の公式** は導出がかなり複雑である。そこで，比較的簡単な **3次のルンゲ・クッタの公式** の誘導方法を詳しく説明し，4次の公式を理解するための一助とする。

　1階常微分方程式 $dy/dx=f(x,y)$（初期条件「$x=x_0$ のとき $y=y_0$」）に対して，x の増分 h の3乗の項まで y の増分 k の正しい結果を得るような **3次のルンゲ・クッタの公式** は次のとおりである。

$$k=y_{i+1}-y_i=\frac{1}{8}(2k_1+3k_2+3k_3)\quad(i=0,1,2,\cdots) \tag{1}$$

ただし，$k_1=hf(x_i,y_i)$ 　　　　　　　　　　　　　　　　　　　　　(2)

$$k_2=hf\left(x_i+\frac{2}{3}h,y_i+\frac{2}{3}k_1\right) \tag{3}$$

$$k_3=hf\left(x_i+\frac{2}{3}h,y_i+\frac{2}{3}k_2\right) \tag{4}$$

この公式は次のように導かれる。

　まず，y の増分 k を x の増分 h の **級数** として正しく表してみる。

　微分方程式 $dy/dx=f(x,y)$ の $x=x_0+h$ における解 $y=y(x)$ の値を y_1 とすれば，y_1 の **テイラー展開** は次式で表される。

$$\begin{aligned}y_1&=y(x_0+h)\\&=y(x_0)+hf(x_0,y_0)+\frac{h^2}{2!}f'(x_0,y_0)+\frac{h^3}{3!}f''(x_0,y_0)+\cdots\end{aligned} \tag{5}$$

　ここで，$y_1-y(x_0)$ は x の増分 h に対応する y の増分 k であるから，式(5)は次のように書き直せる。

$$k=hf(x_0,y_0)+\frac{h^2}{2}f'(x_0,y_0)+\frac{h^3}{6}f''(x_0,y_0)+\cdots \tag{6}$$

　式(6)の $f(x_0,y_0),\ f'(x_0,y_0),\ f''(x_0,y_0),\ \cdots$ は，$f(x,y)$ が既知の関数なので，与えられた微分方程式から求められ，これらを次のようにおく。

$$f(x_0, y_0) = \left(\frac{dy}{dx}\right)_{x=x_0, y=y_0} = f \tag{7}$$

$$f'(x_0, y_0) = \frac{d}{dx}f(x_0, y_0) = \frac{df}{dx} = \frac{\partial f}{\partial x} + \frac{\partial f}{\partial y}\frac{dy}{dx} = f_1 + f_2 f \tag{8}$$

ここで，$\dfrac{\partial f}{\partial x} = f_1$, $\dfrac{\partial f}{\partial y} = f_2$ とおいた。

$$f''(x_0, y_0) = \frac{d}{dx}f'(x_0, y_0) = \frac{d}{dx}(f_1 + f_2 f)$$

$$= \frac{\partial}{\partial x}(f_1 + f_2 f) + \frac{\partial}{\partial y}(f_1 + f_2 f)\frac{dy}{dx}$$

$$= \frac{\partial}{\partial x}(f_1 + f_2 f) + f\frac{\partial}{\partial y}(f_1 + f_2 f)$$

$$= \frac{\partial f_1}{\partial x} + f\frac{\partial f_2}{\partial x} + f_2\frac{\partial f}{\partial x} + f\frac{\partial f_1}{\partial y} + f^2\frac{\partial f_2}{\partial y} + f f_2\frac{\partial f}{\partial y}$$

$$= \frac{\partial f_1}{\partial x} + 2f\frac{\partial^2 f}{\partial x \partial y} + f^2\frac{\partial f_2}{\partial y} + f_2 f_1 + f f_2 f_2$$

$$\left(\because \frac{\partial f_2}{\partial x} = \frac{\partial^2 f}{\partial x \partial y} = \frac{\partial f_1}{\partial y}\right)$$

$$= f_{11} + 2 f f_{12} + f^2 f_{22} + f_2(f_1 + f_2 f) \tag{9}$$

ここで，$\dfrac{\partial f_1}{\partial x} = \dfrac{\partial^2 f}{\partial x^2} = f_{11}$, $\dfrac{\partial^2 f}{\partial x \partial y} = f_{12}$, $\dfrac{\partial f_2}{\partial y} = \dfrac{\partial^2 f}{\partial y^2} = f_{22}$ とおいた。

式(7)〜(9)を式(6)に代入すると，k は h の**級数**として次式のように表せる。

$$k = f h + \frac{1}{2}(f_1 + f_2 f)h^2 + \frac{1}{6}\{f_{11} + 2 f_{12} f + f_{22} f^2 + f_2(f_1 + f_2 f)\}h^3 + \cdots \tag{10}$$

さて，y の増分 k が x の増分 h の3乗の項まで正しい結果を得るように，次の3種類の k_1, k_2, k_3 を考える。

$$k_1 = h f(x_0, y_0) \tag{11}$$

$$k_2 = h f(x_0 + mh, y_0 + m k_1) \tag{12}$$

$$k_3 = h f\{x_0 + \lambda h, y_0 + \rho k_2 + (\lambda - \rho)k_1\} \tag{13}$$

第 8 章　1 階常微分方程式を解く

そして，y の増分 k を次のようにおく．

$$k = ak_1 + bk_2 + ck_3 \tag{14}$$

式(11)～(14)の未知数 m，λ，ρ，a，b，c を定めるために，式(11)～(13)を **2 変数関数のテイラーの定理**に従って展開し，式(14)の k を h の級数に書き直すことにする．

$$k_1 = hf \tag{15}$$

$$\begin{aligned}
k_2 &= h\left\{f(x_0, y_0) + \left(mh\frac{\partial}{\partial x} + mk_1\frac{\partial}{\partial y}\right)f(x_0, y_0)\right. \\
&\quad \left. + \frac{1}{2}\left(mh\frac{\partial}{\partial x} + mk_1\frac{\partial}{\partial y}\right)^2 f(x_0, y_0) + \cdots\right\} \\
&= h\left\{f + mh\frac{\partial f}{\partial x} + mk_1\frac{\partial f}{\partial y}\right. \\
&\quad \left. + \frac{1}{2}\left(m^2h^2\frac{\partial^2 f}{\partial x^2} + 2m^2hk_1\frac{\partial^2 f}{\partial x \partial y} + m^2k_1^2\frac{\partial^2 f}{\partial y^2}\right) + \cdots\right\} \\
&= h\left\{f + mhf_1 + mhff_2 + \frac{1}{2}m^2(h^2f_{11} + 2h^2ff_{12} + h^2f^2f_{22}) + \cdots\right\} \\
&= h\left\{f + mh(f_1 + f_2f) + \frac{1}{2}m^2h^2(f_{11} + 2f_{12}f + f_{22}f^2) + \cdots\right\} \tag{16}
\end{aligned}$$

$$\begin{aligned}
k_3 &= h\left[f(x_0, y_0) + \left\{\lambda h\frac{\partial}{\partial x} + (\rho k_2 + (\lambda - \rho)k_1)\frac{\partial}{\partial y}\right\}f(x_0, y_0)\right. \\
&\quad \left. + \frac{1}{2}\left\{\lambda h\frac{\partial}{\partial x} + (\rho k_2 + (\lambda - \rho)k_1)\frac{\partial}{\partial y}\right\}^2 f(x_0, y_0) + \cdots\right] \\
&= h\left[f + \left\{\lambda h\frac{\partial}{\partial x} + (\rho hf + \rho mh^2(f_1 + f_2f) + \cdots + \lambda hf - \rho hf)\frac{\partial}{\partial y}\right\}f\right. \\
&\quad \left. + \frac{1}{2}\left\{\lambda h\frac{\partial}{\partial x} + (\rho hf + \rho mh^2(f_1 + f_2f) + \cdots + \lambda hf - \rho hf)\frac{\partial}{\partial y}\right\}^2 f + \cdots\right] \\
&= h\left[f + \{\lambda hf_1 + \rho mh^2(f_1 + f_2f)f_2 + \lambda hff_2 + \cdots\}\right. \\
&\quad \left. + \frac{1}{2}(\lambda^2 h^2 f_{11} + 2\lambda^2 h^2 ff_{12} + \lambda^2 h^2 f^2 f_{22} + \cdots) + \cdots\right]
\end{aligned}$$

$$=h\left[f+\lambda h(f_1+f_2 f)+\frac{1}{2}h^2\{2\rho m f_2(f_1+f_2 f)\right.$$

$$\left.+\lambda^2(f_{11}+2f_{12}f+f_{22}f^2)\}+\cdots\right] \tag{17}$$

式(15)～(17)を式(14)に代入して整理すると次式が得られる。

$$k=f(a+b+c)h+(bm+c\lambda)(f_1+f_2 f)h^2$$

$$+\frac{1}{2}(bm^2+c\lambda^2)(f_{11}+2f_{12}f+f_{22}f^2)h^3+c\rho m f_2(f_1+f_2 f)h^3+\cdots$$

$$\tag{18}$$

式(18)と，正しい k を与える式(10)とを対比すると，次の関係式が得られる。

$$a+b+c=1$$
$$bm+c\lambda=1/2 \tag{19}$$
$$bm^2+c\lambda^2=1/3$$
$$c\rho m=1/6$$

連立方程式(19)は，6個の未知数に対して方程式の数が4個である。したがって，一般的には確定した解は得られないが，ある特別な値を与えると連立方程式(19)が成り立つ場合がある。その1つが次のとおりである[注]。

$$m=\frac{2}{3},\ \lambda=\rho=\frac{2}{3},\ a=\frac{1}{4},\ b=c=\frac{3}{8}$$

これらを式(11)～(14)に代入すると次の公式が得られる。

$$k=\frac{1}{8}(2k_1+3k_2+3k_3)$$

ただし，$k_1=hf(x_0,y_0)$

$$k_2=hf\left(x_0+\frac{2}{3}h,y_0+\frac{2}{3}k_1\right)$$

$$k_3=hf\left(x_0+\frac{2}{3}h,y_0+\frac{2}{3}k_2\right)$$

この公式を一般化式として表したのが，3次のルンゲ・クッタの公式(1)～(4)である。

数値計算法で一般に用いられる**4次のルンゲ・クッタの公式**は，y の増分 k が

x の増分 h の4乗の項まで正しい結果を得るように導かれたものである.すなわち次の4種類の k_1, k_2, k_3, k_4 を考え,

$$k_1 = hf(x_0, y_0)$$
$$k_2 = hf(x_0 + mh, y_0 + mk_1)$$
$$k_3 = hf(x_0 + \lambda h, y_0 + \rho k_2 + (\lambda - \rho)k_1)$$
$$k_4 = hf(x_0 + \mu h, y_0 + \sigma k_3 + \tau k_2 + (\mu - \sigma - \tau)k_1)$$

y の増分 k を次のようにおく.

$$k = ak_1 + bk_2 + ck_3 + dk_4$$

そして,k_1, k_2, k_3, k_4 をテイラー展開して k を h の級数に書き直し,式(10)と対比することによって,h の4乗の項まで一致させるように未知数を決めれば4次の公式が得られる.

注) 式(19)が成り立つ特別な場合として,次の値もある.
 [1] $m = 1/3$, $\lambda = \rho = 2/3$, $a = 1/4$, $b = 0$, $c = 3/4$
 [2] $m = \lambda = 2/3$, $\rho = 1/3$, $a = 1/4$, $b = 0$, $c = 3/4$
 [3] $m = 1/2$, $\lambda = 1$, $\rho = 2$, $a = 1/6$, $b = 2/3$, $c = 1/6$

第9章
高階常微分方程式を解く

『ある反応が素反応の連鎖反応（A→B→C）で進行している。各反応の反応速度定数と反応速度式がすでに分かっているとき，反応成分濃度の時間変化を知るには，どのようにすればよいか』——それには，2階常微分方程式をたてて数値的に解けばよい。

常微分方程式の中に現れる最高次の導関数の階数を微分方程式の**階数**といい，階数が2以上の常微分方程式を**高階常微分方程式**という。どんな高階常微分方程式でも適当な**補助変数**を導入すれば，**1階連立常微分方程式**に変換でき，たとえば，n階の常微分方程式はn個の1階常微分方程式に書き直せる（章末の【数学講座】を参照）。したがって，n個の1階常微分方程式を連立させて解けば，高階常微分方程式の数値解が得られる。ここでは，工学上しばしば遭遇する2階常微分方程式について，その数値解法を説明する。

9.1　オイラー法

すでに述べたオイラー法を2階常微分方程式に用いるには，2階常微分方程式を1階連立常微分方程式に変換し，それぞれの1階常微分方程式にオイラー法を適用すればよい。

元の微分方程式が2階常微分方程式であるとすると，そのときの1階連立常微分方程式は，一般的な形として次式のようにおくことができる。

$$\frac{dy}{dx} = f(x, y, z) \tag{1}$$

$$\frac{dz}{dx} = g(x, y, z) \tag{2}$$

式(1)，式(2)各々にオイラー法を適用すると次のようになる。

第9章 高階常微分方程式を解く

$$y_{i+1} = y_i + hf(x_i,\ y_i,\ z_i) \quad (3)$$
$$z_{i+1} = z_i + hg(x_i,\ y_i,\ z_i) \quad (4)$$

ここで，h は x のきざみ幅（増分），i はステップ（$i=0,\ 1,\ 2,\ \cdots$）であり，式(3)と式(4)を次々と用いていけば，2階常微分方程式の数値解が得られる。

例題 9.1

次の2階常微分方程式の数値解を，x のきざみ幅 $h=0.1$ としてオイラー法を用いて求めよ。ただし，初期条件を「$x_0=0$ のとき $y_0=1$」とし，この点で $dy/dx=0$ とする。

$$\frac{d^2y}{dx^2} = y \quad (1)$$

なお，式(1)の厳密解は $y = \cosh x$，$\dfrac{dy}{dx} = z = \sinh x$

解

式(1)を次のような1階連立常微分方程式に変換する。

$$\frac{dz}{dx} = y \quad (2) \qquad \frac{dy}{dx} = z \quad (3)$$

式(2)と式(3)からなる1階連立常微分方程式を初期条件「$x_0=0$ のとき $y_0=1$，$z_0=(dy/dx)_{x_0=0}=0$」のもとで解く。

式(2)と式(3)にオイラー法を適用すれば，次式となる（$i=0,\ 1,\ 2,\ \cdots$）。

$$z_{i+1} = z_i + hy_i \quad (4) \qquad y_{i+1} = y_i + hz_i \quad (5)$$

したがって，式(4)と式(5)を用いて，x の値に対する z と y の値を順次計算していけば，それらの値が式(1)の数値解となる。

$x=0.1$ のとき　$z_1 = z_0 + hy_0 = 0 + 0.1 \times 1 = 0.1$
　　　　　　　　$y_1 = y_0 + hz_0 = 1 + 0.1 \times 0 = 1$
$x=0.2$ のとき　$z_2 = z_1 + hy_1 = 0.1 + 0.1 \times 1 = 0.2$
　　　　　　　　$y_2 = y_1 + hz_1 = 1 + 0.1 \times 0.1 = 1.01$
$x=0.3$ のとき　$z_3 = z_2 + hy_2 = 0.2 + 0.1 \times 1.01 = 0.301$
　　　　　　　　$y_3 = y_2 + hz_2 = 1.01 + 0.1 \times 0.2 = 1.03$

$x=0.4$ のとき　$z_4=z_3+hy_3=0.301+0.1\times1.03=0.404$

$y_4=y_3+hz_3=1.03+0.1\times0.301=1.0601$

……………

このような計算を進めていくと，y 対 x，z 対 x の関数関係（**積分曲線**という）が得られる。

例題 9.2

次の 2 階常微分方程式をオイラー法で解け。ただし，初期条件は「$x_0=0$ のとき $y_0=1$，$z_0=0$」，きざみ幅は $h=0.05$，ステップ数は 20 とする。

$$(1-x^2)\frac{d^2y}{dx^2}-2x\frac{dy}{dx}+6y=0 \quad (\text{解析解（厳密解）は } y=1-3x^2)$$

数値解を求めるにあたって，与えられた 2 階常微分方程式を次のように変換すればよい。

$$\frac{dy}{dx}=z,\ \frac{dz}{dx}=\frac{2xz-6y}{1-x^2}$$

解

Excel ファイル「ex-09.1.1」を開いてみよ。

ナビ

　Excel ファイル「ex-09.1.1」は 2 階常微分方程式を解く**オイラー法の Excel シートと VBA プログラム**である（図 9.1.1）。プログラムでは，2 階常微分方程式を 1 階連立常微分方程式 $dy/dx=f(x, y, z)$，$dz/dx=g(x, y, z)$ に変換したとき，その関数 $f(x, y, z)$ と $g(x, y, z)$ を [Function] に入力するようになっている。

　シートには，解析解（厳密解）との比較をグラフとともに示してあるが，あくまでも参考なので，このシートと VBA プログラムを使って新たな計算を行う場合は，この部分を消去してもらいたい。

第9章 高階常微分方程式を解く

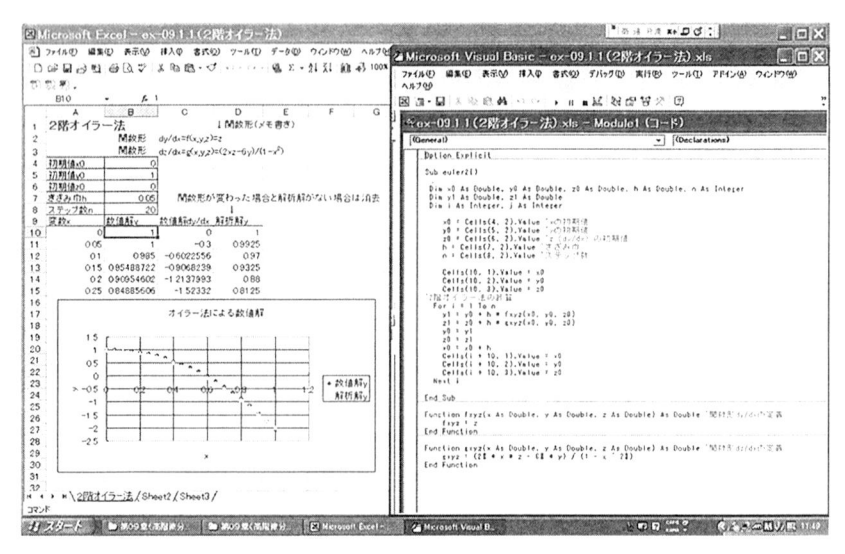

図 9.1.1　オイラー法「ex-09.1.1」

問 9.1

次の2階常微分方程式をオイラー法で解け。ただし、初期条件は「$x_0=0$ のとき $y_0=0$, $z_0=1$」、きざみ幅は $h=0.1$, ステップ数は特に規定しない。

$$(1+x^2)\frac{d^2y}{dx^2}+x\frac{dy}{dx}-y=0 \quad （解析解は y=x）$$

9.2 ルンゲ・クッタ法

高階常微分方程式を1階連立常微分方程式に変換し、単独の常微分方程式に用いたルンゲ・クッタの公式と類似の一群の公式を適用して y および z の増分を計算すれば、高階常微分方程式の数値解が求められる。

第9.1節と同じように、元の微分方程式が2階常微分方程式であるとすると、そのときの1階連立常微分方程式は、一般的な形として次式のように置ける。

$$\frac{dy}{dx} = f(x, y, z) \tag{1}$$

$$\frac{dz}{dx} = g(x, y, z) \tag{2}$$

式(1)と式(2)に**ルンゲ・クッタの公式**(4次の公式)を適用すると,初期条件「$x=x_0$ のとき $y=y_0$, $z=z_0$」から出発して,x の増分 h に対する y および z の増分は次のようになる($i=0, 1, 2, \cdots$)。

$$y_{i+1} = y_i + \frac{1}{6}(k_1 + 2k_2 + 2k_3 + k_4) \tag{3}$$

$$z_{i+1} = z_i + \frac{1}{6}(l_1 + 2l_2 + 2l_3 + l_4) \tag{4}$$

ここで,
$$\begin{aligned}
k_1 &= hf(x_i, y_i, z_i) \\
l_1 &= hg(x_i, y_i, z_i) \\
k_2 &= hf\left(x_i + \frac{h}{2}, y_i + \frac{k_1}{2}, z_i + \frac{l_1}{2}\right) \\
l_2 &= hg\left(x_i + \frac{h}{2}, y_i + \frac{k_1}{2}, z_i + \frac{l_1}{2}\right) \\
k_3 &= hf\left(x_i + \frac{h}{2}, y_i + \frac{k_2}{2}, z_i + \frac{l_2}{2}\right) \\
l_3 &= hg\left(x_i + \frac{h}{2}, y_i + \frac{k_2}{2}, z_i + \frac{l_2}{2}\right) \\
k_4 &= hf(x_i + h, y_i + k_3, z_i + l_3) \\
l_4 &= hg(x_i + h, y_i + k_3, z_i + l_3)
\end{aligned} \tag{5}$$

y_0, z_0 から出発して y および z の次の増分を求めるには,式(5)を上から下の順,すなわち,k_1 と l_1 を計算してから k_2 と l_2 の計算に移行し,次に k_3 と l_3 を,ついで k_4 と l_4 を計算する。これらを式(3)と式(4)に代入すれば,2階常微分方程式の数値解 $y(x)$ と $z(x)$ が求まる。

なお,式(3)~式(5)と類似の公式を用いることによって,4変数あるいはそれ以上の場合(3階以上の高階常微分方程式)に拡張することができる。

例題 9.3

次の 2 階常微分方程式を，x のきざみ幅 $h=1$ としてルンゲ・クッタ法で解け。ただし，初期条件を「$x=0$ のとき $y=1$，$dy/dx=0$」とする。

$$\frac{d^2y}{dx^2} - 2\frac{dy}{dx} + y = 0$$

解

2 階常微分方程式は次の 1 階連立常微分方程式に変換される。

$$\frac{dy}{dx} = z, \quad \frac{dz}{dx} = 2z - y$$

初期条件は $x_0=0$，$y_0=1$，$z_0=0$ なので，これらを出発値として x の増分 $x_1=x_0+h$ に対する y および z の増分 y_1 と z_1 を次のように求める。

$$k_1 = hz_0 = 1 \times 0 = 0$$

$$l_1 = h(2z_0 - y_0) = 1 \times (2 \times 0 - 1) = -1$$

$$k_2 = h\left(z_0 + \frac{l_1}{2}\right) = 1 \times \left(0 - \frac{1}{2}\right) = -\frac{1}{2}$$

$$l_2 = h\left\{2\left(z_0 + \frac{l_1}{2}\right) - \left(y_0 + \frac{k_1}{2}\right)\right\} = 1 \times \left\{2\left(0 - \frac{1}{2}\right) - (1 + 0)\right\} = -2$$

$$k_3 = h\left(z_0 + \frac{l_2}{2}\right) = 1 \times \left\{0 + \left(-\frac{2}{2}\right)\right\} = -1$$

$$l_3 = h\left\{2\left(z_0 + \frac{l_2}{2}\right) - \left(y_0 + \frac{k_2}{2}\right)\right\} = 1 \times \left\{2\left(0 - \frac{2}{2}\right) - \left(1 - \frac{1}{4}\right)\right\} = -\frac{11}{4}$$

$$k_4 = h(z_0 + l_3) = 1 \times \left(0 - \frac{11}{4}\right) = -\frac{11}{4}$$

$$l_4 = h\{2(z_0 + l_3) - (y_0 + k_3)\} = 1 \times \left\{2\left(0 - \frac{11}{4}\right) - (1 - 1)\right\} = -\frac{11}{2}$$

したがって，

$$y_1 = 1 + \frac{1}{6}\left\{0 + 2\left(-\frac{1}{2}\right) + 2(-1) + \left(-\frac{11}{4}\right)\right\} = \frac{1}{24} \fallingdotseq 0.0417$$

$$z_1 = 0 + \frac{1}{6}\left\{-1 + 2(-2) + 2\left(-\frac{11}{4}\right) + \left(-\frac{11}{2}\right)\right\} = -\frac{8}{3} \fallingdotseq -2.6667$$

これで $x_1 = x_0 + h = 0 + 1 = 1$ における y, z の値すなわち y_1, z_1 が計算された。同様の方法で x_i に対する値 y_i, z_i を順次求めていけばよい。

クリック

与えられた微分方程式は**定数係数2階線形微分方程式**であるから解析的にも解け，その**一般解**は次のようになる。

$$y = C_1 e^x + C_2 x e^x$$

これより，初期条件を満足する**特殊解**は次のとおりである。

$$y = e^x - x e^x$$

解析解（特殊解）より，$x=1$ における y の値は $y = e^1 - e^1 = 0$ となるが，上の数値計算では，この値が約 0.04 となって誤差が少し大きい。しかし，きざみ幅 h を小さくして $h = 0.5$ とすれば，はるかによい近似解が得られる。たとえば，$x = 0.5$ における理論値（解析解）が 0.825 であるのに対して，$x = 0.5$ における数値解は 0.826，$x = 1$ における数値解は 0.004 となる。

例題 9.4

［例題 9.2］で与えられた2階常微分方程式をルンゲ・クッタ法で解け。また，初期条件，きざみ幅，ステップ数も［例題 9.2］と同じにする。

解

Excel ファイル「ex-09.2.1」を開いてみよ。

第9章　高階常微分方程式を解く

🚢ナビ

　Excelファイル「ex-09.2.1」は2階常微分方程式を解くルンゲ・クッタ法のExcelシートとVBAプログラムである（図9.2.1）。

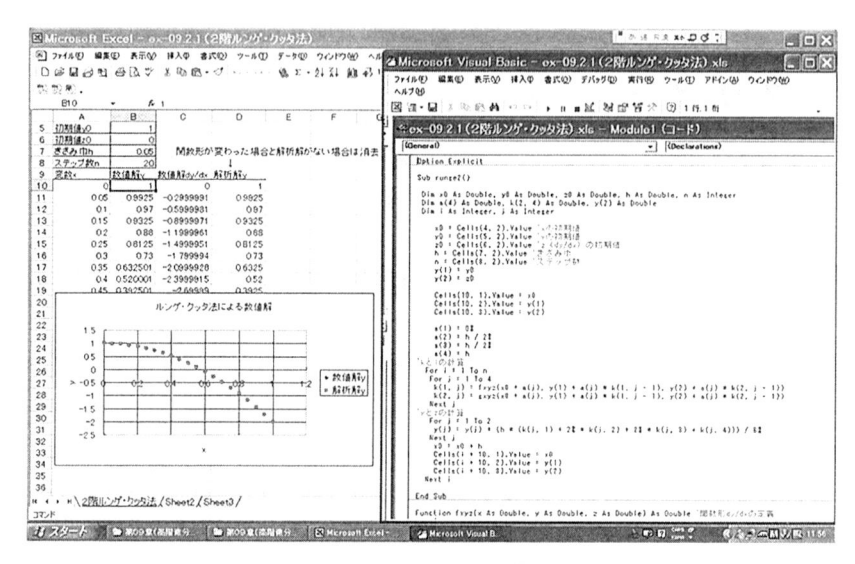

図9.2.1　ルンゲ・クッタ法「ex-09.2.1」

✋クリック

　Excelファイル「ex-09.1.1」と「ex-09.2.1」を比較してもらいたい。1階常微分方程式の場合と同様，ルンゲ・クッタ法がオイラー法よりも精度の高い数値解を得ることが分かる。

問 9.2

次の2階常微分方程式をルンゲ・クッタ法で解け。ただし，初期条件は「$x_0=0$

のとき $y_0=1$, $z_0=0$」とし，きざみ幅は $h=0.05$，ステップ数は20とする。

$$\frac{d^2y}{dx^2} + \frac{x}{1-x^2}\frac{dy}{dx} - \frac{2}{1-x^2}y = -\frac{2x^2}{1-x^2} \quad (\text{解析解は } y=1+x^2)$$

問 9.3

次の1階連立常微分方程式をルンゲ・クッタ法で解け。ただし，初期条件は「$x_0=0$ のとき $y_0=0$, $z_0=0$」とし，きざみ幅は $h=0.05$，ステップ数は20とする。

$$\frac{dy}{dx}=4y+z+2e^{3x}, \quad \frac{dz}{dx}=-2y+z-3e^{3x}$$

(解析解は $y=-e^{2x}+(1+x)e^{3x}$, $z=2e^{2x}-(2+x)e^{3x}$)

クリック

(問9.3)で与えられた微分方程式において，x を時間 t と考え，y と z をあらためて距離 x, y と見なすと，与えられた微分方程式は物体（たとえば，粒子）の x 方向と y 方向の速度を表している。したがって，この連立微分方程式の解を求めることは，"ある時刻 t における物体の平面上の位置 (x, y) を求めること" に相当する。

第 9 章 高階常微分方程式を解く

数学講座　高階常微分方程式を変換する

2階常微分方程式が次式で与えられているとする。

$$\frac{d^2y}{dx^2}+P(x,\ y)\frac{dy}{dx}+Q(x,\ y)y=R(x,\ y) \tag{1}$$

ここで，$P(x,\ y)$，$Q(x,\ y)$，$R(x,\ y)$ はそれぞれ x と y の任意の関数である。

そのとき，$\frac{dy}{dx}=z$ とおくと，$\frac{d^2y}{dx^2}=\frac{d}{dx}\left(\frac{dy}{dx}\right)=\frac{dz}{dx}$ となるので，式(1)は次の1階連立常微分方程式に変換される。

$$\frac{dy}{dx}=z \tag{2}$$

$$\frac{dz}{dx}=R(x,\ y)-P(x,\ y)z-Q(x,\ y)y \tag{3}$$

3階常微分方程式が次式で与えられているとする。

$$\frac{d^3y}{dx^3}+P(x,\ y)\frac{d^2y}{dx^2}+Q(x,\ y)\frac{dy}{dx}+R(x,\ y)y=S(x,\ y) \tag{4}$$

ここで，$P(x,\ y)$，$Q(x,\ y)$，$R(x,\ y)$，$S(x,\ y)$ はそれぞれ x と y の任意の関数である。

そのとき，$\frac{dy}{dx}=z$，$\frac{d^2y}{dx^2}=\frac{dz}{dx}=u$ とおくと，$\frac{d^3y}{dx^3}=\frac{d}{dx}\left(\frac{d^2y}{dx^2}\right)=\frac{du}{dx}$ となるので，式(4)は次の1階常微分方程式に変換される。

$$\frac{du}{dx}+P(x,\ y)u+Q(x,\ y)z+R(x,\ y)y=S(x,\ y)$$

したがって，式(4)は次の1階連立常微分方程式(5)〜(7)と同じになる。

$$\frac{dy}{dx}=z \tag{5}$$

$$\frac{dz}{dx}=u \tag{6}$$

$$\frac{du}{dx}=S(x,\ y)-P(x,\ y)u-Q(x,\ y)z-R(x,\ y)y \tag{7}$$

第10章
偏微分方程式を解く

『部屋と木枯らしの吹く屋外とは，分厚いコンクリートの壁で仕切られている。部屋の温度を高めたとき，壁の中の温度が時間とともにどのように変わっていくのかを知りたいが，どのようにすればよいか』——それには，熱伝導方程式（**偏微分方程式**）をたてて数値的に解けばよい。

2つ以上の変数を含む事象を解析すると，偏微分方程式として導かれることが多い。たとえば，伝熱工学で扱う平板内の熱伝導，流体力学で扱う流体流れ，電磁気学や土木工学で扱う波動や振動などである。そのような事象を具体的な数式や数値で表すには，**初期条件**と**境界条件**を与えて，導かれた偏微分方程式を解かなければならない。偏微分方程式を解くには，**解析的方法**と**数値解法**があるが，前者の場合はすべての偏微分方程式に通用する統一された方法がない。したがって，実際には数値解法に頼らざるを得なくなる。

偏微分方程式の数値解法として**差分法**がよく使われる。差分法は Excel などコンピュータ向きでもあり，一応どんな偏微分方程式であっても解けるからである。

10.1 差分方程式とその表記法

偏微分方程式を数値的に解く**差分法**は"偏微分項を差分で置きかえて**差分方程式**をつくり，扱いやすい**代数方程式**の形に直して，解を近似的に求める方法"である。そこでまず，偏微分項を差分に置きかえる**差分近似**について述べる。

差分近似には，前進差分近似，後退差分近似，中心差分近似（中央差分近似）がある（章末の【数学講座】を参照）。いま，独立変数 x，y を持つ2変数関数があり，その関数を $u(x, y)$ とすると，偏微分方程式に現れる第1次偏導関数と第2次偏導関数は一般に次のとおりである。

第10章 偏微分方程式を解く

$$\frac{\partial u}{\partial x},\ \frac{\partial u}{\partial y},\ \frac{\partial^2 u}{\partial x^2},\ \frac{\partial^2 u}{\partial y^2},\ \frac{\partial^2 u}{\partial x \partial y}$$

これらの偏導関数の差分近似は次のように表される（$\partial^2 u/\partial x \partial y$ は省略）。

① **前進差分近似：**

$$\frac{\partial u}{\partial x} = \frac{u(x+\varDelta x,\ y) - u(x,\ y)}{\varDelta x} \tag{1}$$

$$\frac{\partial u}{\partial y} = \frac{u(x,\ y+\varDelta y) - u(x,\ y)}{\varDelta y} \tag{2}$$

$$\frac{\partial^2 u}{\partial x^2} = \frac{\partial}{\partial x}\left(\frac{\partial u}{\partial x}\right) = \frac{\partial}{\partial x}\left\{\frac{u(x+\varDelta x,\ y) - u(x,\ y)}{\varDelta x}\right\}$$

$$= \frac{1}{\varDelta x}\left\{\frac{\partial u(x+\varDelta x,\ y)}{\partial x} - \frac{\partial u(x,\ y)}{\partial x}\right\}$$

$$= \frac{1}{\varDelta x}\left\{\frac{u(x+\varDelta x+\varDelta x,\ y) - u(x+\varDelta x,\ y)}{\varDelta x}\right.$$

$$\left. - \frac{u(x+\varDelta x,\ y) - u(x,\ y)}{\varDelta x}\right\}$$

$$= \frac{u(x+2\varDelta x,\ y) - 2u(x+\varDelta x,\ y) + u(x,\ y)}{(\varDelta x)^2} \tag{3}$$

$$\frac{\partial^2 u}{\partial y^2} = \frac{\partial}{\partial y}\left(\frac{\partial u}{\partial y}\right) = \frac{u(x,\ y+2\varDelta y) - 2u(x,\ y+\varDelta y) + u(x,\ y)}{(\varDelta y)^2} \tag{4}$$

② **後退差分近似：**

$$\frac{\partial u}{\partial x} = \frac{u(x,\ y) - u(x-\varDelta x,\ y)}{\varDelta x} \tag{5}$$

$$\frac{\partial^2 u}{\partial x^2} = \frac{\partial}{\partial x}\left(\frac{\partial u}{\partial x}\right) = \frac{u(x,\ y) - 2u(x-\varDelta x,\ y) + u(x-2\varDelta x,\ y)}{(\varDelta x)^2} \tag{6}$$

③ **中心差分近似：**

$$\frac{\partial u}{\partial x} = \frac{u(x+\varDelta x,\ y) - u(x-\varDelta x,\ y)}{2\varDelta x} \tag{7}$$

$$\frac{\partial^2 u}{\partial x^2} = \frac{u(x+\Delta x,\ y) - 2u(x,\ y) + u(x-\Delta x,\ y)}{(\Delta x)^2} \qquad (8)$$

$$\frac{\partial^2 u}{\partial y^2} = \frac{u(x,\ y+\Delta y) - 2u(x,\ y) + u(x,\ y-\Delta y)}{(\Delta y)^2} \qquad (9)$$

以上のような差分近似の表現では,変数の数が多くなってくると差分近似の式が複雑になる。そのため,適当な**略記法**(省略記号)を使って差分近似の式を表したほうが便利である。

2変数の場合を考える。そこで,座標軸方向にそれぞれ一定間隔を持った座標群をつくり,それらの交点を**格子点**として,その位置を表すのに添字 i, j を用いることにする(**図 10.1**)。そうすると,2つの変数 x, y は次式のように表すことができる。

$x = x_0 + i\Delta x \ (i = 0,\ 1,\ 2,\ \cdots)$

$y = y_0 + j\Delta y \ (j = 0,\ 1,\ 2,\ \cdots)$

ここで,Δx,Δy は x 軸,y 軸方向の**きざみ幅**で**格子間隔**である。また,x_0,y_0 はある基準点の座標である。

格子点Pの座標 $(x,\ y)$ における関数 $u(x,\ y)$ の値を次のように記すことにする。

$$u(x,\ y) = u_P = u_{i,j} \qquad (10)$$

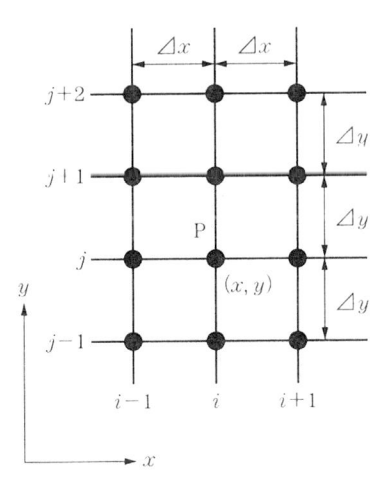

図 10.1 格子図

$u(x, y)$ の値を式(10)のように $u_{i,j}$ で定義すると,式(1)~式(9)は次式のように表現できる.

① 前進差分近似:

$$\left(\frac{\partial u}{\partial x}\right)_P = \left(\frac{\partial u}{\partial x}\right)_{i,j} = \frac{u_{i+1,j} - u_{i,j}}{\Delta x} \tag{11}$$

$$\left(\frac{\partial u}{\partial y}\right)_P = \left(\frac{\partial u}{\partial y}\right)_{i,j} = \frac{u_{i,j+1} - u_{i,j}}{\Delta y} \tag{12}$$

$$\left(\frac{\partial^2 u}{\partial x^2}\right)_P = \left(\frac{\partial^2 u}{\partial x^2}\right)_{i,j} = \frac{u_{i+2,j} - 2u_{i+1,j} + u_{i,j}}{(\Delta x)^2} \tag{13}$$

$$\left(\frac{\partial^2 u}{\partial y^2}\right)_P = \left(\frac{\partial^2 u}{\partial y^2}\right)_{i,j} = \frac{u_{i,j+2} - 2u_{i,j+1} + u_{i,j}}{(\Delta y)^2} \tag{14}$$

② 後退差分近似:

$$\left(\frac{\partial u}{\partial x}\right)_{i,j} = \frac{u_{i,j} - u_{i-1,j}}{\Delta x} \tag{15}$$

$$\left(\frac{\partial^2 u}{\partial x^2}\right)_{i,j} = \frac{u_{i,j} - 2u_{i-1,j} + u_{i-2,j}}{(\Delta x)^2} \tag{16}$$

③ 中心差分近似:

$$\left(\frac{\partial u}{\partial x}\right)_{i,j} = \frac{u_{i+1,j} - u_{i-1,j}}{2\Delta x} \tag{17}$$

$$\left(\frac{\partial^2 u}{\partial x^2}\right)_{i,j} = \frac{u_{i+1,j} - 2u_{i,j} + u_{i-1,j}}{(\Delta x)^2} \tag{18}$$

$$\left(\frac{\partial^2 u}{\partial y^2}\right)_{i,j} = \frac{u_{i,j+1} - 2u_{i,j} + u_{i,j-1}}{(\Delta y)^2} \tag{19}$$

以上のような差分近似の略記法を用いると,偏微分方程式を分かりやすい形の差分方程式に書きかえることができる.

たとえば,次式のような偏微分方程式(**ラプラス(Laplace)の偏微分方程式**という)がある.

$$\frac{\partial^2 u}{\partial x^2} + \frac{\partial^2 u}{\partial y^2} = 0 \tag{20}$$

式(20)において $\Delta x = \Delta y = h$ とし,中心差分近似の式(18)と式(19)を適用す

ると,式(20)は次の差分方程式で表すことができる。

$$\frac{u_{i+1,j}-2u_{i,j}+u_{i-1,j}}{h^2}+\frac{u_{i,j+1}-2u_{i,j}+u_{i,j-1}}{h^2}=0 \tag{21}$$

または,

$$\frac{u_{i+1,j}+u_{i,j+1}+u_{i-1,j}+u_{i,j-1}-4u_{i,j}}{h^2}=0 \tag{22}$$

10.2　差分方程式による表現法

偏微分方程式の多くは,距離(方向)x, y, z のほかに時間 t が含まれる。**熱伝導方程式**とか**波動方程式**などと呼ばれる次式などである。

$$\frac{\partial u}{\partial t}=\frac{\partial^2 u}{\partial x^2} \tag{1}$$

$$\frac{\partial^2 u}{\partial t^2}=\frac{\partial^2 u}{\partial x^2}+\frac{\partial^2 u}{\partial y^2} \tag{2}$$

$$\frac{\partial^2 u}{\partial t^2}=\frac{\partial^2 u}{\partial x^2}+\frac{\partial^2 u}{\partial y^2}+\frac{\partial^2 u}{\partial z^2} \tag{3}$$

式(1)を **1 次元**の偏微分方程式といい,式(2)と式(3)をそれぞれ **2 次元**, **3 次元**の偏微分方程式という。

まず,式(2)について,時間という次元が入った場合の差分近似を表すことにする(**図 10.2**)。この場合,u を3つの変数を持つ関数 $u(x, y, t)$ とみなし,添字 i, j を距離軸 x 方向と y 方向の**格子番号**と考えることにする。そして,**中心差分近似**を適用すれば,式(2)の左辺は次式のように表現できる。

$$\left(\frac{\partial^2 u}{\partial t^2}\right)_{i,j}=\frac{u_{i,j}(t+\Delta t)-2u_{i,j}(t)+u_{i,j}(t-\Delta t)}{(\Delta t)^2} \tag{4}$$

したがって,式(2)は次の差分方程式で表せる。

$$\frac{u_{i,j}(t+\Delta t)-2u_{i,j}(t)+u_{i,j}(t-\Delta t)}{(\Delta t)^2}$$

$$=\frac{u_{i+1,j}(t)-2u_{i,j}(t)+u_{i-1,j}(t)}{(\Delta x)^2}+\frac{u_{i,j+1}(t)-2u_{i,j}(t)+u_{i,j-1}(t)}{(\Delta y)^2}$$

$$\tag{5}$$

第 10 章 偏微分方程式を解く

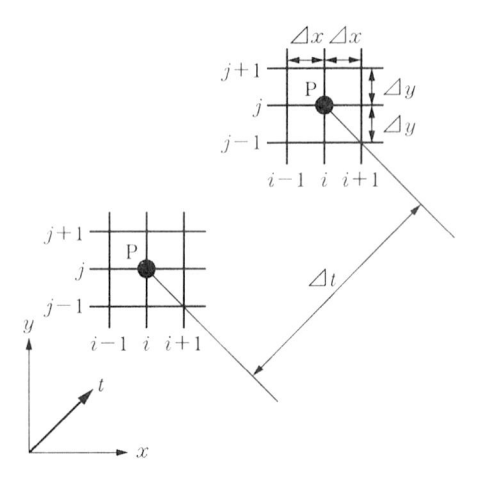

図 10.2 時間を考慮にいれた格子図

ここで，$\Delta x = \Delta y = h$ とすると，式(5)は次式のようになる。

$$\frac{u_{i,j}(t+\Delta t) - 2u_{i,j}(t) + u_{i,j}(t-\Delta t)}{(\Delta t)^2}$$

$$= \frac{u_{i+1,j}(t) + u_{i,j+1}(t) + u_{i-1,j}(t) + u_{i,j-1}(t) - 4u_{i,j}(t)}{h^2} \quad (6)$$

一方，1次元の偏微分方程式(1)については，左辺は**前進差分近似**を用いて次式のように表現できる。

$$\left(\frac{\partial u}{\partial t}\right)_i = \frac{u_i(t+\Delta t) - u_i(t)}{\Delta t} \quad (7)$$

ただし，この場合は1次元なので y 軸方向を時間軸にとることができる。そうすると，添字 j は時間軸における**格子番号**とみなせるので，式(1)は次の差分方程式で表現できる。

$$\frac{u_{i,j+1} - u_{i,j}}{\Delta t} = \frac{u_{i+1,j} - 2u_{i,j} + u_{i-1,j}}{(\Delta x)^2} \quad (8)$$

3次元の偏微分方程式(3)の場合は，添字 i, j の他に k なる添字を用いて，2次元の場合と同様な考え方で表現すればよい。

> **クリック**
>
> **偏微分方程式を無次元化する**
>
> ある事象を解析して導かれた偏微分方程式に含まれる変数は，一般に時間 [s] や距離 [m] などの**次元**を持っている。次元を持ったままでも偏微分方程式を数値的に解くことはできるが，偏微分方程式により一般性を持たせるには，偏微分方程式に含まれている変数を**無次元変数**に変換するほうがよい。そうすれば，物理的に異なっていても，同じ無次元化された偏微分方程式を与える事象ならば，すべて1つの解として扱うことができるからである。
>
> たとえば，粘性媒体中の振子の振動と，抵抗やコイルを通過するコンデンサーからの放電とは物理的にはまったく異なる事象であるが，無次元変数を用いてその事象を偏微分方程式として表現すれば**数学的には同じである**。
>
> 無次元変数への変換は簡単な**変数変換**を行うことで求められる。たとえば，**1次元の熱伝導方程式**が次のように得られたとする。
>
> $$\frac{\partial u}{\partial T} = \alpha \frac{\partial^2 u}{\partial X^2} \quad (\text{a})$$
>
> ただし，α [m²/s] は熱拡散係数と呼ばれる定数である。式(a)は細い一様な棒の一端からの距離 X [m] の，時間 T [s] における棒の温度 u を与える偏微分方程式であり，境界条件と初期条件を次のとおりとする。
>
> $$\begin{aligned} X &= 0 \text{ のとき} & u &= f(T) \\ X &= L \text{ のとき} & u &= g(T) \\ T &= 0 \text{ のとき} & u &= h(X) \end{aligned} \quad (\text{b})$$
>
> ここで，X と T の代わりに次のような簡単な変数変換を行う。
>
> $$x = \frac{X}{L}, \quad t = \frac{\alpha T}{L^2} \quad (\text{c})$$
>
> そうすると，x, t は**無次元量**となり，式(a)は変数が無次元化された次のような偏微分方程式となる。
>
> $$\frac{\partial u}{\partial t} = \frac{\partial^2 u}{\partial x^2} \quad (\text{d})$$

10.3 シュミット法

次式(1)に示す1次元の偏微分方程式について考える。

$$\frac{\partial u}{\partial t} = \frac{\partial^2 u}{\partial x^2} \qquad (1)$$

式(1)を差分方程式に置きかえると，すでに述べたように次式で表される。

$$\frac{u_{i,j+1} - u_{i,j}}{k} = \frac{u_{i+1,j} - 2u_{i,j} + u_{i-1,j}}{h^2} \qquad (2)$$

ここで，k は時間軸 t 方向（すなわち y 方向）の**格子間隔**（$\triangle t = k$），h は距離軸 x 方向の格子間隔（$\triangle x = h$）を示す。

式(2)を $u_{i,j+1}$ について解くと次式が得られる。

$$u_{i,j+1} = u_{i,j} + r(u_{i+1,j} - 2u_{i,j} + u_{i-1,j}) \qquad (3)$$

ただし，$r = k/h^2$ であり，**モジュラス**（係数）と呼ばれている。

式(3)は，時間行 j における3個の u の値 $u_{i-1,j}$，$u_{i,j}$，$u_{i+1,j}$ から時間行 $j+1$ における u の値 $u_{i,j+1}$ を求める式である（**図 10.3**）。$t=0$（時間の始点）における u の値 $u_{i,0}$ は**初期条件**によって与えられるのが普通なので，時間 $j=1$ における u の値は，$x=0$（距離の始点）と $x=1$（距離の終点）における u の値を除い

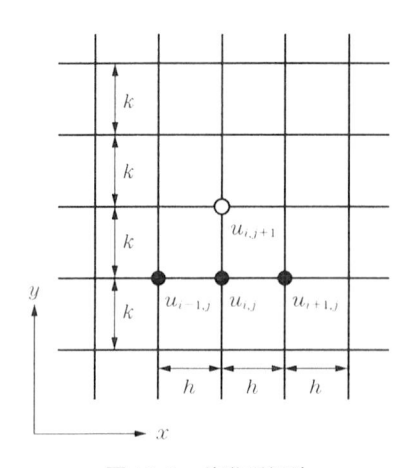

図 10.3　前進型解法

て式(3)の添字 i を変えて計算していくことにより求められる。

$x=0$ と $x=1$ における u の値は，**境界条件**が式（あるいは数値）として与えられていれば，その境界条件より次のように求められる。

$$u_{0,j}=f(jk), \quad u_{N,j}=g(jk) \quad (j=0,\ 1,\ 2,\ \cdots) \tag{4}$$

ここで，N は $x=1$（距離の終点）における格子番号を示している。

式(3)は時間行 j における u の値から，時間が1ステップ進んだ時間行 $j+1$ における u の値を計算できる公式であり，一般に**陽公式**（または**前進型解法公式**）と呼ばれている。

差分方程式(3)において $r=1/2$ とおくと，次の差分方程式が得られる。

$$u_{i,j+1}=\frac{u_{i+1,j}+u_{i-1,j}}{2} \tag{5}$$

シュミット（Schmidt）法は"差分方程式(5)を用いて，1次元の偏微分方程式(1)を近似的にしかも簡便に解く**前進型解法**"である。

例題 10.1

細い棒の両端が融けはじめた大きな氷の塊と接触している。つまり，すべての時間 t において棒の両端（無次元長さ $x=0$ と $x=1$）の温度 $u(x,\ t)$ が 0℃ の状態にある（$u(0,\ t)=u(1,\ t)=0$）。さらに，初期状態（$t=0$）における棒の長さ方向の温度分布 $u(x,\ 0)$ が次のようになっているものとする。

$$u(x,\ 0)=x \quad (0\leq x\leq 0.5),\quad u(x,\ 0)=1-x \quad (0.5<x\leq 1.0)$$

このとき，棒の温度 $u(x,\ t)$ に関して次の偏微分方程式が成り立つ。

$$\frac{\partial u}{\partial t}=\frac{\partial^2 u}{\partial x^2} \quad (0\leq x\leq 1,\ t>0)$$

棒の温度分布の時間変化 $u(x,\ t)$ をシュミット法によって求めよ。ただし，時間のきざみ幅を $k=0.005$ とし，棒の長さ方向のきざみ幅を $h=0.1$ とする。

解

$k=0.005$，$h=0.1$ とするので，$r=0.005/0.1^2=1/2$ となり，偏微分方程式は差分方程式(5)で置きかえられる。差分方程式(5)を解くにあたっての境界条件と

第10章 偏微分方程式を解く

初期条件は，次のとおりである．

$u_{0,0}=0,\ u_{0,1}=0,\ u_{0,2}=0,\ \cdots$

$u_{10,0}=0,\ u_{10,1}=0,\ u_{10,2}=0,\ \cdots$

$u_{1,0}=0.1,\ u_{2,0}=0.2,\ u_{3,0}=0.3,\ u_{4,0}=0.4,\ u_{5,0}=0.5,\ u_{6,0}=0.4,\ u_{7,0}=0.3,$
$u_{8,0}=0.2,\ u_{9,0}=0.1$

計算結果の一部を示すと下表のようになる．また，Excelファイル「ex-10.3.1」にはVBAプログラムによる数値解を示してある（図10.3.1）．

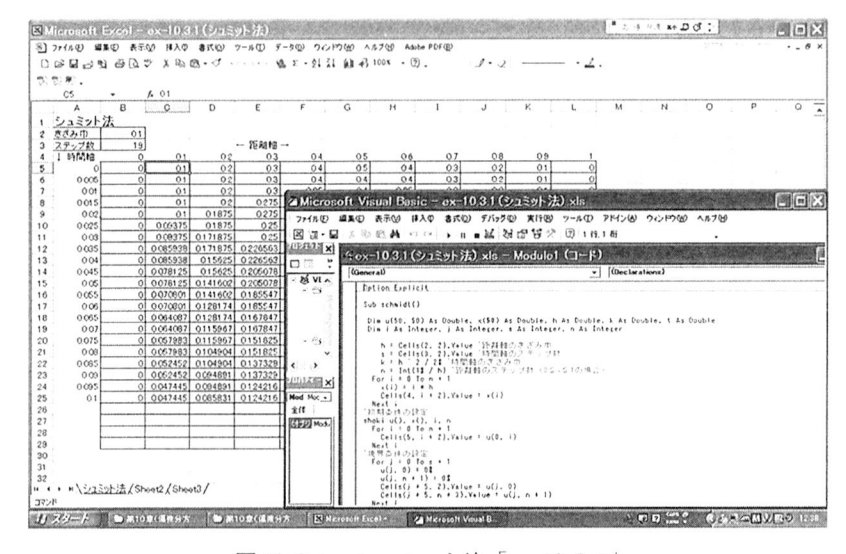

図10.3.1　シュミット法「ex-10.3.1」

j	t	i	0	1	2	3	4	5
		x	0	0.10000	0.200000	0.300	0.40000	0.5000
0	0.000		0	0.10000	0.200000	0.300	0.40000	0.5000
1	0.005		0	0.10000	0.200000	0.300	0.40000	0.4000
2	0.010		0	0.10000	0.200000	0.300	0.35000	0.4000
3	0.015		0	0.10000	0.200000	0.275	0.35000	0.3500
4	0.020		0	0.10000	0.187500	0.275	0.31250	0.3500
5	0.025		0	0.09375	0.187500	0.250	0.31250	0.3125
6	0.030		0	0.09375	0.171875	0.250	0.28125	0.3125
—	—		0	—	—	—	—	—

10.3 シュミット法

j	t	i	6	7	8	9	10
		x	0.60000	0.700	0.800000	0.90000	1
0	0.000		0.40000	0.300	0.200000	0.10000	0
1	0.005		0.40000	0.300	0.200000	0.10000	0
2	0.010		0.35000	0.300	0.200000	0.10000	0
3	0.015		0.35000	0.275	0.200000	0.10000	0
4	0.020		0.31250	0.275	0.187500	0.10000	0
5	0.025		0.31250	0.250	0.187500	0.09375	0
6	0.030		0.28125	0.250	0.171875	0.09375	0
—	—		—	—	—	—	0

(平田光穂ほか著,「パソコンによる数値計算」, 朝倉書店 (1982) より改変)

例題 10.2

次の偏微分方程式の数値解を, 距離軸 (長さ方向) のきざみ幅 $h=0.2$ として シュミット法で求めよ。ただし, 時間軸のステップ数を 24 とする。

$$\frac{\partial u}{\partial t} = \frac{\partial^2 u}{\partial x^2} \quad (0 \leq x \leq 2, \ t>0)$$

境界条件：$u(0, t) = u(2, t) = 0$

初期条件：$u(x, 0) = x \ (0 \leq x < 1) \quad u(x, 0) = 2-x \ (1 \leq x \leq 2)$

$$\left(\text{解析解は } u(x, t) = \sum_{n=1}^{\infty} \frac{8}{n^2 \pi^2} \sin \frac{n\pi}{2} \exp\left(-\frac{n^2 \pi^2}{4} t\right) \sin \frac{n\pi}{2} x \right)$$

解

Excel ファイル「ex-10.3.2」を開いてみよ。

ナビ

Excel ファイル「ex-10.3.2」は, 1次元の偏微分方程式を解くシュミット法の Excel シートと VBA プログラムである。プログラムでは,［サブ

プログラム]の中で初期条件の設定を行っている。また，時間軸のステップ数と距離軸の間隔数を最大50としている。

Excelファイル「ex-10.3.2」のプログラム構成は「ex-10.3.1」とまったく同じであるが，[サブプログラム]の内容が変更され，[メインプログラム]の中では距離軸の間隔数（ステップ数）を求める式が変更されている。

Excelファイル「ex-10.3.3」は，[例題10.2]の解析解を求めるExcelシートとVBAプログラムである。距離（位置）xと時間tを入力して求めた解析解の値とシュミット法で得られた数値解の値を比較してみてもらいたい。

問 10.1

次の偏微分方程式の数値解を，距離軸のきざみ幅$h=0.1$としてシュミット法で求めよ（時間軸のステップ数を39とするが，特に規定はしない）。

計算に際しては，Excelファイル「ex-10.3.1」の[サブプログラム]の内容を変更すること。

$$\frac{\partial u}{\partial t} = \frac{\partial^2 u}{\partial x^2} \quad (0 \leq x \leq 1,\ t > 0)$$

境界条件：$u(0, t)=0,\ u(1, t)=1$　　初期条件：$u(x, 0)=1$

$$\left(\text{解析解は } u(x, t) = x - \frac{2}{\pi}\sum_{n=1}^{\infty}\frac{(-1)^n}{n}(\sin n\pi x)\exp(-n^2\pi^2 t)\right)$$

なお，この解析解を導くにあたっては$u(x, \infty)=x$なる初期条件が必要となる。

✋クリック

（問10.1）は，たとえば"ある厚さの非常に広い平板があり，最初この平板全体がある温度に保たれていて，急に片側の表面温度が別の温度にな

り，その面の温度は急変した温度をそのまま保ちつづけ，一方の面は相変わらず最初の温度に保たれたままの状態にあるときの平板内部の温度分布を求める"ようなケースに相当する．

参考までに，Excel ファイル「ex-10.3.4」には，(問 10.1) で与えられた偏微分方程式の解析解を数値（一例）で示してある．

10.4 クランク・ニコルソン法

再度，次式(1)に示す1次元の偏微分方程式について考える．

$$\frac{\partial u}{\partial t} = \frac{\partial^2 u}{\partial x^2} \tag{1}$$

式(1)右辺の第2次偏導関数 $\partial^2 u/\partial x^2$ を時間行 j の値と新しい時間行 $j+1$ の値の平均として考えると，式(1)は次の差分方程式で表現できる．

$$\frac{u_{i,j+1} - u_{i,j}}{k} = \frac{1}{2}\left(\frac{u_{i+1,j+1} - 2u_{i,j+1} + u_{i-1,j+1}}{h^2} + \frac{u_{i+1,j} - 2u_{i,j} + u_{i-1,j}}{h^2}\right) \tag{2}$$

クランク・ニコルソン（Crank-Nicolson）法は"式(2)の右辺で表される差分近似に基づく偏微分方程式の数値解法"である．

式(2)を変形すれば次式を得る．

$$-ru_{i-1,j+1} + 2(1+r)u_{i,j+1} - ru_{i+1,j+1} = ru_{i-1,j} + 2(1-r)u_{i,j} + ru_{i+1,j} \tag{3}$$

ただし，r はモジュラス（$r=k/h^2$）である．

式(3)は時間行 j における u の値が分かったとして時間行 $j+1$ における u の値を計算する**連立方程式**を表しており，第10.3節の陽公式のように，時間行 j における3個の u の値 $u_{i-1,j}$, $u_{i,j}$, $u_{i+1,j}$ から時間行 $j+1$ における u の値 $u_{i,j+1}$ を直接与える式ではない．たとえば，各時間行に n 個の格子点が存在すると考えるならば，$j=0$ と $i=1, 2, 3, \cdots, n$ に関する式(3)は，時間行 $j=1$ 上の n 個の格子点における未知の値を，既知の初期値と境界値とで表した n 元連立方

程式を与えることになる．同様に，時間行$j=1$に関する式(3)は，時間行$j=2$上のn個のuの未知の値を時間行$j=1$上の計算ずみのuの値で表したn元連立方程式を与えることになる．このように，格子点の未知の値を順次計算するために連立方程式の解を必要とする方法を一般に**陰解法**という．

クランク・ニコルソン法をもう少し深く理解するために，式(3)をより簡単な式に変形して説明を加えることにする．

式(3)において$r=1$とおくと次式となる．

$$-u_{i-1,j+1}+4u_{i,j+1}-u_{i+1,j+1}=u_{i-1,j}+u_{i+1,j} \quad (4)$$

ここで，$x=1$（距離の終点）における格子番号を4とするならば，式(4)はiを1から3まで変えた次式となる．

$$\begin{aligned}
-u_{0,j+1}+4u_{1,j+1}-u_{2,j+1}&=u_{0,j}+u_{2,j}\\
-u_{1,j+1}+4u_{2,j+1}-u_{3,j+1}&=u_{1,j}+u_{3,j}\\
-u_{2,j+1}+4u_{3,j+1}-u_{4,j+1}&=u_{2,j}+u_{4,j}
\end{aligned} \quad (5)$$

式(5)左辺の$u_{0,j+1}$と$u_{4,j+1}$は境界条件より既知の値である．また，式(5)の右辺も前のステップで計算済みの既知の値である．したがって，式(5)は3個の未知数$u_{1,j+1}$，$u_{2,j+1}$，$u_{3,j+1}$を持つ3元連立1次方程式であり，時間行jにおける既知のuの値が分かったとして時間行$j+1$における未知のuの値を計算する式である．

例題 10.3

[例題10.1]で与えられた次の偏微分方程式の数値解を，クランク・ニコルソン法によって求めよ．ただし，$r=1(h=0.1, k=0.01)$とする．

$$\frac{\partial u}{\partial t}=\frac{\partial^2 u}{\partial x^2} \quad (0\leq x \leq 1)$$

ここで，$t\geq 0$のとき　　$u(0, t)=u(1, t)=0$

　　　　　$0\leq x \leq 0.5$のとき　　$u(x, 0)=x$

　　　　　$0.5<x\leq 1$のとき　　$u(x, 0)=1-x$

解

クランク・ニコルソン法において $r=1$ とすると，与えられた偏微分方程式は差分方程式(4)で置きかえられる。
ここで，第1ステップ（$j=0$ のとき）の u の値は次式を満たす。

$$-u_{0,1}+4u_{1,1}-u_{2,1}=a_1$$
$$-u_{1,1}+4u_{2,1}-u_{3,1}=a_2$$
$$-u_{2,1}+4u_{3,1}-u_{4,1}=a_3$$
$$-u_{3,1}+4u_{4,1}-u_{5,1}=a_4$$
$$-u_{4,1}+4u_{5,1}-u_{6,1}=a_5 \quad (6)$$
$$-u_{5,1}+4u_{6,1}-u_{7,1}=a_6$$
$$-u_{6,1}+4u_{7,1}-u_{8,1}=a_7$$
$$-u_{7,1}+4u_{8,1}-u_{9,1}=a_8$$
$$-u_{8,1}+4u_{9,1}-u_{10,1}=a_9$$

そして，境界条件より，$u_{0,0}=0$, $u_{10,0}=0$ となる。また，$a_1 \sim a_9$ は，式(4)の右辺から分かるように，初期条件と境界条件から次式により決定できる値である。

$$a_i=u_{i-1,0}+u_{i+1,0} \quad (i=1, 2, \cdots, 9) \quad (7)$$

すなわち，$a_1=0+0.2=0.2$　　$a_2=0.1+0.3=0.4$　　$a_3=0.2+0.4=0.6$
　　　　$a_4=0.3+0.5=0.8$　　$a_5=0.4+0.4=0.8$　　$a_6=0.5+0.3=0.8$
　　　　$a_7=0.4+0.2=0.6$　　$a_8=0.3+0.1=0.4$　　$a_9=0.2+0=0.2$

この $a_1 \sim a_9$ の値を用いて9元連立1次方程式(6)を解くと次のようになる。

　　　$u_{1,1}=0.09945$　　$u_{2,1}=0.19779$　　$u_{3,1}=0.29171$
　　　$u_{4,1}=0.36906$　　$u_{5,1}=0.38451$　　$u_{6,1}=0.36906$
　　　$u_{7,1}=0.29171$　　$u_{8,1}=0.19779$　　$u_{9,1}=0.09945$

第2ステップの計算においては，$j=1$ として第1ステップで求めた $u_{1,1} \sim u_{9,1}$ の値を式(4)の右辺に代入し，新しい $a_1 \sim a_9$ をまず求める。ただし，$u_{0,1}$ と $u_{10,1}$ の値は境界条件より0である。

　　　$a_1=u_{0,1}+u_{2,1}=0.0+0.19779=0.19779$
　　　$a_2=u_{1,1}+u_{3,1}=0.09945+0.29171=0.39116$
　　　　　　…………

第10章　偏微分方程式を解く

$$a_9 = u_{8,1} + u_{10,1} = 0.19779 + 0.0 = 0.19779$$

これらの a_i ($i=1, 2, \cdots, 9$) を用いて連立方程式(6)を解くと，$u_{1,2} \sim u_{9,2}$ が次のように得られる。

$$u_{1,2} = 0.09681 \quad u_{2,2} = 0.18945 \quad u_{3,2} = 0.26983$$
$$u_{4,2} = 0.32303 \quad u_{5,2} = 0.34605 \quad u_{6,2} = 0.32303$$
$$u_{7,2} = 0.26983 \quad u_{8,2} = 0.18945 \quad u_{9,2} = 0.09681$$

ついで，これらの値を用いて $j=2$ における a_i ($i=1, 2, \cdots, 9$) 求め，連立方程式(6)を解けば，時間行 $j=2$ における u の値が計算できる。
以下，同様の計算を繰り返していけばよい。

例題 10.4

[例題 10.2] で与えられた次の偏微分方程式の数値解を，距離軸のきざみ幅 $h=0.2$，モジュラス $r=1/2$ としてクランク・ニコルソン法で求めよ。ただし，時間軸のステップ数を 24 とする。

$$\frac{\partial u}{\partial t} = \frac{\partial^2 u}{\partial x^2} \quad (0 \leq x \leq 2, \; t > 0)$$

境界条件：$u(0, t) = u(2, t) = 0$
初期条件：$u(x, 0) = x$ ($0 \leq x < 1$)　　$u(x, 0) = 2 - x$ ($1 \leq x \leq 2$)

解

Excel ファイル「ex-10.4.1」を開いてみよ。

ナビ

　Excel ファイル「ex-10.4.1」は，1次元の偏微分方程式を解く**クランク・ニコルソン法の** Excel シートと **VBA プログラム**である（図 10.4.1）。プログラムでは，初期条件を［サブプログラム］で設定している。また，多元連立1次方程式の解法に**ガウスの消去法**を採用し，［サブプログラム］の中でその計算を実行している。

10.4 クランク・ニコルソン法

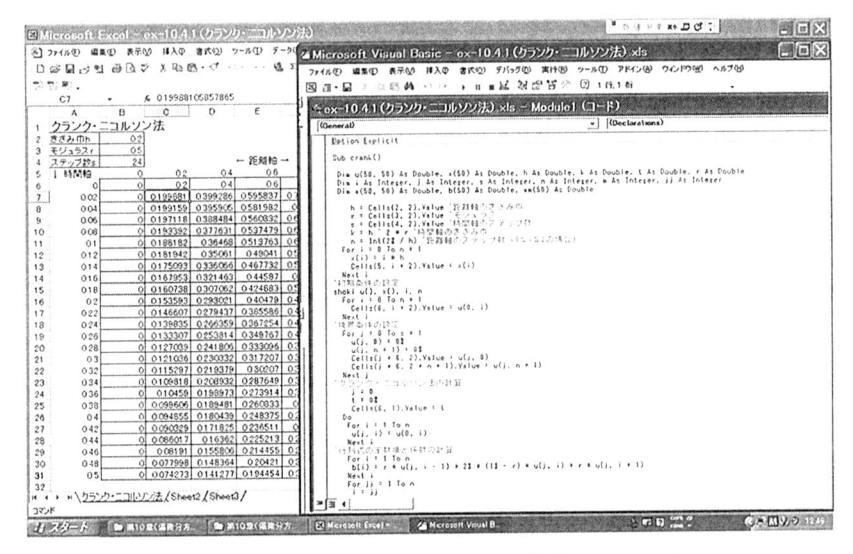

図 10.4.1　クランク・ニコルソン法「ex-10.4.1」

クリック

シュミット法はモジュラス $r(=k/h^2)$ を $1/2$ に固定しているので，距離軸 h と時間軸 k が連動し，h を小さくすると k も小さくなり，h を大きくすれば k も大きくなってしまう。これに対して，クランク・ニコルソン法では r は任意なので，h と k を独自に定めることができる。ただし，r の値を大きくしすぎると近似の精度が悪くなると言われている。これについての詳細は数値計算の書に譲る。

問 10.2

次の偏微分方程式の数値解を，距離軸のきざみ幅 $h=0.1$，モジュラス $r=1$ としてクランク・ニコルソン法で求めよ。ただし，時間軸のステップ数を 19 とす

第10章 偏微分方程式を解く

るが，特に規定はしない。

計算に際しては，Excel ファイル「ex-10.4.1」の［サブプログラム］（初期条件）の内容を変更すること。

$$\frac{\partial u}{\partial t} = \frac{\partial^2 u}{\partial x^2} \quad (0 \leq x \leq 1,\ t > 0)$$

境界条件：$u(0,\ t) = u(1,\ t) = 0$，初期条件：$u(x,\ 0) = 1$

$$\left(解析解は u(x,\ t) = \frac{2}{\pi} \sum_{n=1}^{\infty} \frac{1-(-1)^n}{n} (\sin n\pi x) \exp(-n^2\pi^2 t)\right)$$

☞ クリック

（問10.2）は，たとえば"ある厚さの非常に広い平板があり，最初この平板全体がある温度に保たれていて，急に両表面の温度が別の温度になり，両表面だけがその温度を保ちつづけたときの平板内部の温度分布を求める"ようなケースに相当する。

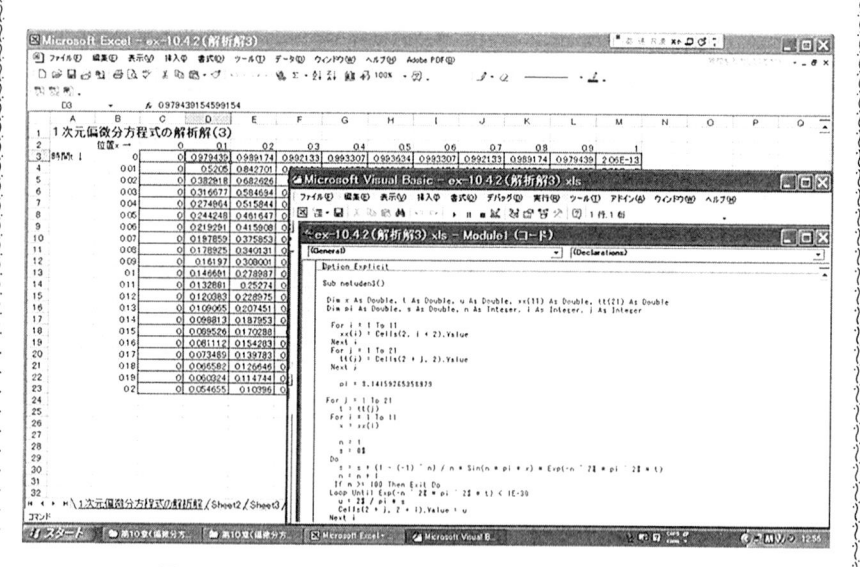

図10.4.2　1次元偏微分方程式の解析解「ex-10.4.2」

> 参考までに，Excel ファイル「ex-10.4.2」では，(問 10.2) で示された解析解を数値（一例）として表している（図 10.4.2）。

10.5 反復法

クランク・ニコルソン法に代表される**陰解法**では"差分方程式を解くことは連立 1 次方程式を解くこと"に相当する。それゆえ，偏微分方程式の数値解法は多元連立 1 次方程式の数値解法に帰着する。

偏微分方程式を差分方程式に変換して得られた連立 1 次方程式は，多次元であり，係数は 0 が多く，係数に数値があってもある特定の値のみが現れるという特殊性がある。そのため，多元連立 1 次方程式の解法として，そのような特殊性を生かせる**反復法**が有効である。

クランク・ニコルソン法を用いて，次式(1)に示す 1 次元の偏微分方程式を解くための反復法について説明しよう。

$$\frac{\partial u}{\partial t} = \frac{\partial^2 u}{\partial x^2} \tag{1}$$

第 10.4 節で述べたように，クランク・ニコルソン法による偏微分方程式(1)の数値解法とは，次の差分方程式を解くことである。

$$-ru_{i-1,j+1} + 2(1+r)u_{i,j+1} - ru_{i+1,j+1} = ru_{i-1,j} + 2(1-r)u_{i,j} + ru_{i+1,j} \tag{2}$$

式(2)を $u_{i,j+1}$ について解き，時間行 $j+1$ の部分と時間行 j の部分に分けて整理すると次式となる。

$$u_{i,j+1} = \frac{r}{2(1+r)}(u_{i-1,j+1} + u_{i+1,j+1})$$

$$+ \frac{r}{2(1+r)}(u_{i-1,j} + u_{i+1,j}) + \frac{1-r}{1+r}u_{i,j} \tag{3}$$

差分方程式(3)を解くことは，時間行 j における u の値を用いて時間行 $j+1$ における u の値を求めることであるから，簡単のために，式(3)の添字 $j+1$ を

省略して，$u_{i-1,j+1}$，$u_{i,j+1}$，$u_{i+1,j+1}$ を u_{i-1}，u_i，u_{i+1} と書くことにする。

$$u_i = R(u_{i-1} + u_{i+1}) + B_i \tag{4}$$

ここで，$R = r/2(1+r)$ である。また，B_i は時間行 j における既知の値であり，次式で与えられる。

$$B_i = R(u_{i-1,j} + u_{i+1,j}) + \frac{1-r}{1+r} u_{i,j} \tag{5}$$

さて，u_i の第1近似を $u_i^{(1)}$，第2近似を $u_i^{(2)}$，…，第 n 近似を $u_i^{(n)}$ と記す。そして，すべての i について u_i の第 n 近似の値がすでに求まっているものとする。そうすると，式(4)から次の**反復公式**が得られる。

$$u_i^{(n+1)} = R(u_{i-1}^{(n)} + u_{i+1}^{(n)}) + B_i \tag{6}$$

式(6)は第 $n+1$ 回の反復値（近似値）を第 n 回の反復値のみを用いて計算する公式であり，**ヤコビの反復公式**（あるいは**ヤコビの反復法**）と呼ばれる。

一方，$u_i^{(n+1)}$ の収束速度を改善するために，利用できる最新の反復値を用いる方法もあり，これを**ガウス・ザイデルの反復法**という。この方法では，$u_i^{(n+1)}$ が計算されたら，直ちに $u_i^{(n)}$ をこれで置きかえてしまうのである（**図 10.4**）。図のように，計算は左から右に実行されるので，第 $n+1$ 近似の u_{i-1} の値は計算ずみになっている。つまり，$u_{i-1}^{(n+1)}$ の値をこれから計算しようとする $u_i^{(n+1)}$ の計算に用い，式(6)の代わりに次式で計算を進めれば，収束が速くなることが期待できる。

$$u_i^{(n+1)} = R(u_{i-1}^{(n+1)} + u_{i+1}^{(n)}) + B_i \tag{7}$$

式(7)を，偏微分方程式(1)に対する差分方程式(2)を解く場合の**ガウス・ザイデルの反復公式**という。

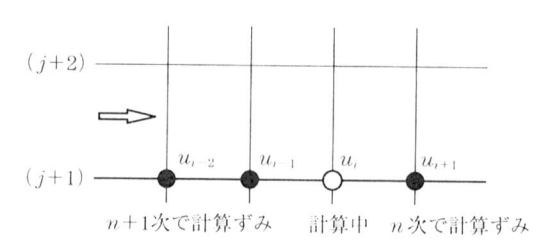

図 10.4　ガウス・ザイデルの反復法

例題 10.5

[例題 10.3]（[例題 10.1]）で与えられた次の偏微分方程式の数値解を，ヤコビの反復法とガウス・ザイデルの反復法を用いて求めよ。ただし，$r=1$（$h=0.1$, $k=0.01$）とする。

$$\frac{\partial u}{\partial t} = \frac{\partial^2 u}{\partial x^2} \quad (0 \leq x \leq 1)$$

ここで，$t \geq 0$ のとき　　$u(0, t) = u(1, t) = 0$
　　　　$0 \leq x \leq 0.5$ のとき　　$u(x, 0) = x$
　　　　$0.5 < x \leq 1$ のとき　　$u(x, 0) = 1-x$

解

$r=1$ とすると，式(2)は次式となる。

$$-u_{i-1,j+1} + 4u_{i,j+1} - u_{i+1,j+1} = u_{i-1,j} + u_{i+1,j}$$

すなわち，$u_i = \dfrac{1}{4}(u_{i-1} + u_{i+1}) + B_i$ 　　　　　　　　　　(8)

ただし，$B_i = \dfrac{u_{i-1,j} + u_{i+1,j}}{4}$ である。なお，式(8)では時間行 $j+1$ の添字は省略してある。

式(8)に対するヤコビの反復公式とガウス・ザイデルの反復公式は次のとおりである。

　　　ヤコビの反復公式　　: $u_i^{(n+1)} = \dfrac{1}{4}(u_{i-1}^{(n)} + u_{i+1}^{(n)}) + B_i$ 　　　　(9)

　　　ガウス・ザイデルの
　　　反復公式　　　　　　: $u_i^{(n+1)} = \dfrac{1}{4}(u_{i-1}^{(n+1)} + u_{i+1}^{(n)}) + B_i$ 　　　(10)

まずは，ヤコビの反復法による計算を進める。ヤコビの反復法の第1ステップにおける式は，式(9)より次のようになる。

第10章 偏微分方程式を解く

$$u_1^{(n+1)} = \frac{1}{4} u_0^{(n)} + \frac{1}{4} u_2^{(n)} + B_1$$

$$u_2^{(n+1)} = \frac{1}{4} u_1^{(n)} + \frac{1}{4} u_3^{(n)} + B_2$$

$$u_3^{(n+1)} = \frac{1}{4} u_2^{(n)} + \frac{1}{4} u_4^{(n)} + B_3 \tag{11}$$

$$u_4^{(n+1)} = \frac{1}{4} u_3^{(n)} + \frac{1}{4} u_5^{(n)} + B_4$$

$$\cdots\cdots\cdots$$

$$u_9^{(n+1)} = \frac{1}{4} u_8^{(n)} + \frac{1}{4} u_{10}^{(n)} + B_9$$

ここで,$n = 0, 1, 2, 3, \cdots$であって,境界条件より$u_0^{(n)} = 0$, $u_{10}^{(n)} = 0$である。

また,B_i ($i = 1, 2, \cdots, 9$) の値は初期条件より次のように得られる。

$$B_1 = \frac{u_{0,0} + u_{2,0}}{4} = \frac{0 + 0.2}{4} = 0.05$$

$$B_2 = \frac{u_{1,0} + u_{3,0}}{4} = \frac{0.1 + 0.3}{4} = 0.1$$

$$B_3 = \frac{u_{2,0} + u_{4,0}}{4} = \frac{0.2 + 0.4}{4} = 0.15$$

同様に,$B_4 = 0.2$, $B_5 = 0.2$, $B_6 = 0.2$, $B_7 = 0.15$, $B_8 = 0.1$, $B_9 = 0.05$ となる。

ついで,式(11)の反復値$u_i^{(n+1)}$ ($i = 1, 2, \cdots, 9$) を計算するが,その計算の際の出発値として初期条件から決められる次の値を用いる。

$u_1^{(0)} = 0.1 \quad u_2^{(0)} = 0.2 \quad u_3^{(0)} = 0.3$
$u_4^{(0)} = 0.4 \quad u_5^{(0)} = 0.4 \quad u_6^{(0)} = 0.4$
$u_7^{(0)} = 0.3 \quad u_8^{(0)} = 0.2 \quad u_9^{(0)} = 0.1$

そして,ある許容値(判定値)E を設定し,次の収束条件(12)が満たされるまで式(11)の計算を繰り返す。

$$|u_i^{(n+1)} - u_i^{(n)}| \leq E \quad (i = 1, 2, \cdots, 9) \tag{12}$$

すべてのi について収束条件(12)が満たされたとき,式(11)の$u_1^{(n+1)} \sim u_9^{(n+1)}$

をあらためて $u_{1,1} \sim u_{9,1}$ とおけば,時間行 $j=1$ の u の値 $u_{i,1}$ ($i=1, 2, \cdots, 9$) が得られる。たとえば,次のとおりである。

$u_1^{(n+1)} = 0.0995 \rightarrow u_{1,1}$ $u_2^{(n+1)} = 0.1978 \rightarrow u_{2,1}$
$u_3^{(n+1)} = 0.2917 \rightarrow u_{3,1}$ $u_4^{(n+1)} = 0.3691 \rightarrow u_{4,1}$
$u_5^{(n+1)} = 0.3846 \rightarrow u_{5,1}$ $u_6^{(n+1)} = 0.3691 \rightarrow u_{6,1}$
$u_7^{(n+1)} = 0.2917 \rightarrow u_{7,1}$ $u_8^{(n+1)} = 0.1978 \rightarrow u_{8,1}$
$u_9^{(n+1)} = 0.0995 \rightarrow u_{9,1}$

時間行 $j=1$ の u の値が求まると,これらの値より第 2 ステップの B_i が次のように計算できる。

$$B_1 = \frac{u_{0,1} + u_{2,1}}{4} = \frac{0 + 0.1978}{4} = 0.04945$$

$$B_2 = \frac{u_{1,1} + u_{3,1}}{4} = \frac{0.0995 + 0.2917}{4} = 0.09779$$

$$B_3 = \frac{u_{2,1} + u_{4,1}}{4} = \frac{0.1978 + 0.3691}{4} = 0.14173$$

$B_4 = 0.16907$　　$B_5 = 0.18454$　　$B_6 = 0.16907$　　$B_7 = 0.14173$
$B_8 = 0.09779$

$$B_9 = \frac{u_{8,1} + u_{10,1}}{4} = \frac{0.1978 + 0}{4} = 0.04945$$

ここで,$u_{0,1}$ と $u_{10,1}$ は境界条件より 0 である。

ついで,第 1 ステップと同じように式(11)の計算を行うが,このときの初期値は $j=1$ における u の値を用いる。すなわち,$u_{i,1}$ を $u_i^{(0)}$ ($i=1, 2, \cdots, 9$) とする。そして,収束条件(12)に従って繰り返し計算を行い,すべての i について収束条件(12)を満たせば,それらを時間行 $j+1$ における u の値とする。

以下,同じようにステップを進めていけばよい。

ガウス・ザイデルの反復法の計算手順は,式(11)の代わりに次式を用いる以外,ヤコビの反復法とまったく同じである。したがって,その説明は省略する。

$$u_1^{(n+1)} = \frac{1}{4} u_0^{(n+1)} + \frac{1}{4} u_2^{(n)} + B_1$$

第 10 章　偏微分方程式を解く

$$u_2^{(n+1)} = \frac{1}{4} u_1^{(n+1)} + \frac{1}{4} u_3^{(n)} + B_2$$

$$u_3^{(n+1)} = \frac{1}{4} u_2^{(n+1)} + \frac{1}{4} u_4^{(n)} + B_3$$

$$u_4^{(n+1)} = \frac{1}{4} u_3^{(n+1)} + \frac{1}{4} u_5^{(n)} + B_4$$

....

$$u_9^{(n+1)} = \frac{1}{4} u_8^{(n+1)} + \frac{1}{4} u_{10}^{(n)} + B_9$$

ここで，$i=1, 2, 3, \cdots, 9$ である。

例題 10.6

[例題 10.2]（[例題 10.4]）で与えられた次の偏微分方程式の数値解を，距離軸のきざみ幅 $h=0.2$，モジュラス $r=1/2$，収束判定値 $E=0.000001$ としてヤコビの反復法で求めよ。ただし，時間軸のステップ数を 24 とする。

$$\frac{\partial u}{\partial t} = \frac{\partial^2 u}{\partial x^2} \quad (0 \leq x \leq 2, \ t > 0)$$

境界条件：$u(0, t) = u(2, t) = 0$

初期条件：$u(x, 0) = x \ (0 \leq x < 1)$　　$u(x, 0) = 2 - x \ (1 \leq x \leq 2)$

解

Excel ファイル「ex-10.5.1」を開いてみよ。

ナビ

Excel ファイル「ex-10.5.1」は，1 次元の偏微分方程式を解くヤコビ反復法の Excel シートと VBA プログラムである（図 10.5.1）。Excel ファイル「ex-10.3.2」および Excel ファイル「ex-10.4.1」と比較してみてもらいたい。

10.5 反復法

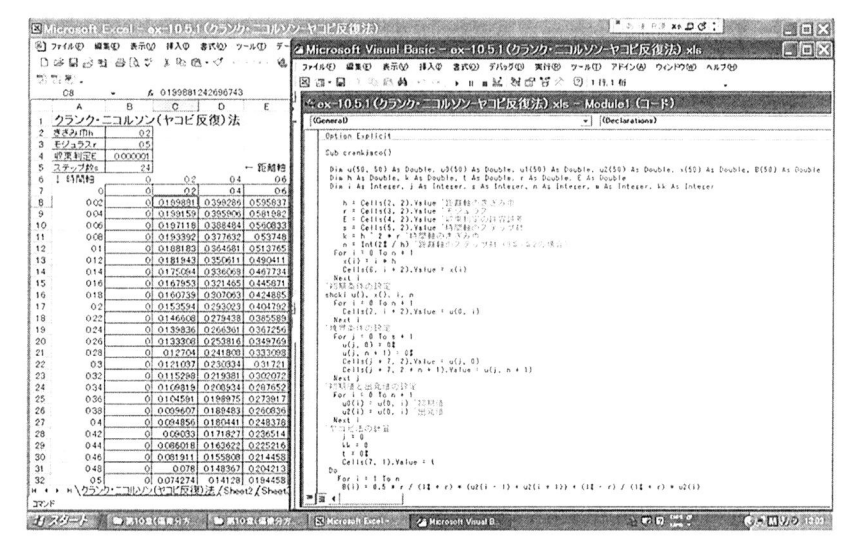

図 10.5.1 ヤコビ反復法「ex-10.5.1」

例題 10.7

(問 10.1) で与えられた次の偏微分方程式の数値解を，距離軸のきざみ幅 $h=0.1$，モジュラス $r=5$，収束判定値 $E=0.000001$ としてガウス・ザイデルの反復法で求めよ。ただし，時間軸のステップ数を 19 とするが，特に規定はしない。

$$\frac{\partial u}{\partial t} = \frac{\partial^2 u}{\partial x^2} \quad (0 \leq x \leq 1, \ t > 0)$$

境界条件：$u(0, t)=0, \ u(1, t)=1$　　初期条件：$u(x, 0)=1$

解

Excel ファイル「ex-10.5.2」を開いてみよ。

第 10 章　偏微分方程式を解く

🢂 ナビ

　Excel ファイル「**ex-10.5.2**」は 1 次元偏微分方程式を解く **ガウス・ザイデル反復法**の Excel シートと VBA プログラムである。解析解の数値を求めた Excel ファイル「**ex-10.3.4**」と比較してみてもらいたい。

■ 問 10.3

　次の偏微分方程式の数値解を，距離軸のきざみ幅 $h=0.1$，モジュラス $r=1$，収束判定値 $E=0.000001$ としてガウス・ザイデルの反復法で求めよ。ただし，時間軸のステップ数を 19 とするが，特に規定はしない。

　計算に際しては，Excel ファイル「**ex-10.5.2**」の初期条件と境界条件の内容を変更すること。

$$\frac{\partial u}{\partial t} = \frac{\partial^2 u}{\partial x^2} \quad (0 \leq x \leq 1,\ t > 0)$$

境界条件：$u(0,\ t) = u(1,\ t) = 0$，初期条件：$u(x,\ 0) = \sin 3\pi x$
（解析解は $u = \exp(-9\pi^2 t)\sin 3\pi x$）

🢂 ナビ

　Excel ファイル「**ex-10.5.3**」には，（問 10.3）に示された解析解を数値（一例）として表している。

10.6　緩和法

　多元連立 1 次方程式の数値解法の 1 つである**緩和法**（リラクゼーション（Relaxation）法ともいう）は，偏微分方程式の**境界値問題**（簡単にいえば，4 辺を境界条件によって規定されている場合）に対する収束解を得るための融通性のあ

る数値解法となる。その基本は"上下左右の格子点の値の平均値を中央の格子点に書き込むこと"にある。

偏微分方程式の境界値問題の例として，ラプラスの偏微分方程式（第10.1節を参照）と**ポアソン（Poisson）の偏微分方程式**がある。ここでは，次式(1)のポアソンの偏微分方程式を取り上げて説明するが，ラプラスの偏微分方程式についても同じである。なぜならば，定常状態を想定すれば，ポアソンの偏微分方程式はラプラスの偏微分方程式と一致するからである。

$$\frac{\partial^2 u}{\partial x^2} + \frac{\partial^2 u}{\partial y^2} + f(x, y) = 0 \tag{1}$$

式(1)に**中心差分近似**を適用すると，式(1)は次の差分方程式で表現される。

$$\frac{u_{i+1,j} - 2u_{i,j} + u_{i-1,j}}{(\Delta x)^2} + \frac{u_{i,j+1} - 2u_{i,j} + u_{i,j-1}}{(\Delta y)^2} + f_{i,j} = 0 \tag{2}$$

ここで，$\Delta x = \Delta y = h$ とおき，さらに，各格子点の u と f の値を格子点番号の値として次のように書き直すことにする（**図10.5**）。なお，格子点番号の付け方には特別なルールはない。

$$u_{i,j} = u_0, \ u_{i+1,j} = u_1, \ u_{i,j+1} = u_2, \ u_{i-1,j} = u_3, \ u_{i,j-1} = u_4, \ \cdots, \ f_{i,j} = f_0, \ \cdots$$

これによって，式(2)は次の差分方程式で表される。

$$u_1 + u_2 + u_3 + u_4 - 4u_0 + h^2 f_0 = 0 \tag{3}$$

差分方程式(3)の厳密解は左辺を0にするが，厳密解以外の u の値は0でない

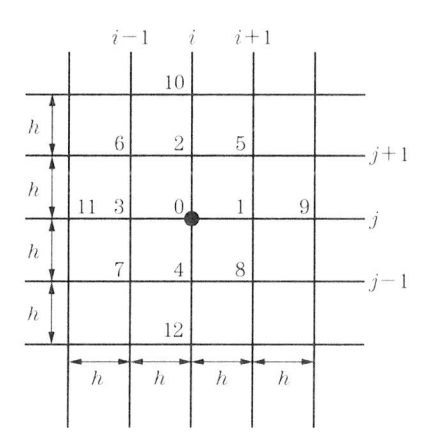

図10.5 緩和法の格子番号例

残差を与える。そこで，格子点 0 における残差を R_0 とすれば，R_0 は次式で定義できる。

$$R_0 = u_1 + u_2 + u_3 + u_4 - 4u_0 + h^2 f_0 \tag{4}$$

他の格子点の残差 R_n ($n=1, 2, \cdots$) も同様に定義できるが，u_0 を含む格子点の残差のみを示せば，次のようになる。

$$R_1 = u_9 + u_5 + u_0 + u_8 - 4u_1 + h^2 f_1 \tag{5}$$

$$R_2 = u_5 + u_{10} + u_6 + u_0 - 4u_2 + h^2 f_2 \tag{6}$$

$$R_3 = u_0 + u_6 + u_{11} + u_7 - 4u_3 + h^2 f_3 \tag{7}$$

$$R_4 = u_8 + u_0 + u_7 + u_{12} - 4u_4 + h^2 f_4 \tag{8}$$

式(4)～式(8)の意味するところは，たとえば，u_0 の値の+1の変化は格子点 0 の残差 R_0 を-4，格子点 1, 2, 3, 4 の残差 R_1, R_2, R_3, R_4 を+1だけ変化させるということである。

一般に，いくつかの格子点で残差が 0 にならないということは，推定した u の値が正しくないことを示している。また，残差の最も大きな値を持つ格子点の u の値は最も大きな誤差を有していると考えられる。そのため，まず第 1 に，その格子点の u の値を修正してその残差の絶対値を小さくすることが不可欠となる。これが緩和法の計算手順の基本原則であり，次の例題によって理解を深めることにする。

例題 10.8

断面が長方形（横方向 x と縦方向 y の比が 4：5）の無限に長い物体があり，その物体の 1 つの面だけが 100 [℃] で他の 3 つの面は 0 [℃] に保たれている。そのような物体の内部の温度 u を解析すると，定常状態では次のラプラスの偏微分方程式が成り立つ。

$$\frac{\partial^2 u}{\partial x^2} + \frac{\partial^2 u}{\partial y^2} = 0$$

物体内部の温度分布を緩和法によって求めよ。ただし，物体の断面は横を 4 等分，縦を 5 等分とする。

解

物体の断面を題意に従って分割し,格子点に番号をつける(図 10.6)。なお,左側の格子点番号には′(ダッシュ)をつけたが,題意から明らかなように,温度分布は左右対称なので,$u_1=u'_1$, $u_2=u'_2$, $u_3=u'_3$, $u_4=u'_4$である。

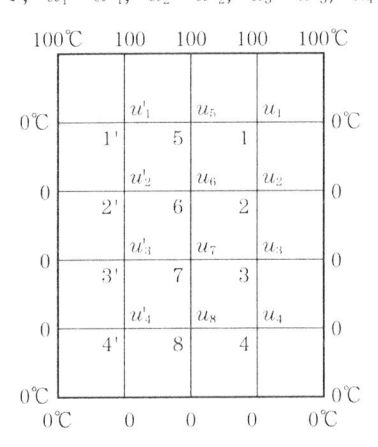

図 10.6 物体断面の格子番号図

さて,式(4)(あるいは式(5)~式(8))に従って各格子点の残差を求め,各残差を0とおくと次式が得られる(定常状態なので h^2f の項は0である)。

格子点1に対して $R_1=0+100+u_5+u_2-4u_1=0$

格子点2に対して $R_2=0+u_1+u_6+u_3-4u_2=0$

格子点3に対して $R_3=0+u_2+u_7+u_4-4u_3=0$

格子点4に対して $R_4=0+u_3+u_8+0-4u_4=0$

格子点5に対して $R_5=u_1+100+u'_1+u_6-4u_5=2u_1+100+u_6-4u_5=0$

格子点6に対して $R_6=u_2+u_5+u'_2+u_7-4u_6=2u_2+u_5+u_7-4u_6=0$

格子点7に対して $R_7=u_3+u_6+u'_3+u_8-4u_7=2u_3+u_6+u_8-4u_7=0$

格子点8に対して $R_8=u_4+u_7+u'_4+0-4u_8=2u_4+u_7+0-4u_8=0$

上の8つの式は,8つの未知数 u_1, u_2, u_3, u_4, u_5, u_6, u_7, u_8 を含むので,解くことのできる8元連立1次方程式である。すなわち,緩和法で計算できることになる。そこで,上の式の**係数行列**を下表のように表すことにする。

表から明らかなように,たとえば,温度 u_1 を $\triangle u_1$ だけ変化させると,残差 R_1

は$-4\varDelta u_1$だけ変化し，R_2は$\varDelta u_1$，R_5は$2\varDelta u_1$だけ変化する．そして，他の残差Rは変化しない．このようなことは，図10.6からも明らかである．

	$\varDelta u_1$	$\varDelta u_2$	$\varDelta u_3$	$\varDelta u_4$	$\varDelta u_5$	$\varDelta u_6$	$\varDelta u_7$	$\varDelta u_8$
$\varDelta R_1$	-4	1	0	0	1	0	0	0
$\varDelta R_2$	1	-4	1	0	0	1	0	0
$\varDelta R_3$	0	1	-4	1	0	0	1	0
$\varDelta R_4$	0	0	1	-4	0	0	0	1
$\varDelta R_5$	2	0	0	0	-4	1	0	0
$\varDelta R_6$	0	2	0	0	1	-4	1	0
$\varDelta R_7$	0	0	2	0	0	1	-4	1
$\varDelta R_8$	0	0	0	2	0	0	1	-4

計算を進めるにあたり，最初に適当なu_i ($i=1, 2, \cdots, 8$) の値（温度分布）を仮定しなければならない．すべてのu_iを0と仮定してもよいが，100℃に近い部分は温度が高いことが明らかなので，たとえば，次のように仮定する（どのように仮定しても計算結果は同じで，ただ計算の回数が異なるだけである）．

$$u_1=40, \ u_2=30, \ u_3=20, \ u_4=10, \ u_5=80, \ u_6=70, \ u_7=60, \ u_8=50$$

そうすると，残差R_i ($i=1, 2, \cdots, 8$) は次のようになる．

$$R_1=-4\,u_1+u_2+u_5+100=-4(40)+30+80+100=+50$$
$$R_2=u_1-4\,u_2+u_3+u_6=40-4(30)+20+70=+10$$
$$R_3=u_2-4\,u_3+u_4+u_7=30-4(20)+10+60=+20$$
$$R_4=u_3-4\,u_4+u_8=20-4(10)+50=+30$$
$$R_5=2\,u_1-4\,u_5+u_6+100=2(40)-4(80)+70+100=-70$$
$$R_6=2\,u_2+u_5-4\,u_6+u_7=2(30)+80-4(70)+60=-80$$
$$R_7=2\,u_3+u_6-4\,u_7+u_8=2(20)+70-4(60)+50=-80$$
$$R_8=2\,u_4+u_7-4\,u_8=2(10)+60-4(50)=-120$$

これらの残差を比較すると，R_8が絶対値としてもっとも大きな値になっているので，R_8の値を減らすことにする．そのために一番効果のあるのはu_8を減少させることで，たとえば$\varDelta u_8=-30$とすると，係数行列の表からも分かるように，R_8は$-4\varDelta u_8=-4(-30)=+120$だけ変化して$-120+120=0$となる．ところが，$u_8$を変化させると，それが$R_4$と$R_7$にも影響し，$R_4$では$\varDelta u_8=-30$だけ

減少して$+30-30=0$となって具合がよいが，R_7では$\triangle u_8 = -30$だけ減少し$-80-30=-110$となり，逆に絶対値が増加してしまう．それでも構わずに計算を進めると下表のようになる．

u_1	R_1	u_2	R_2	u_3	R_3	u_4	R_4	u_5	R_5	u_6	R_6	u_7	R_7	u_8	R_8
40	+50	30	+10	20	+20	10	+30	80	−70	70	−80	60	−80	50	−120
							−30						−30	−30	+120
							0						−110	20	0
					−20						−20	−20	+80		−20
					0						−100	40	−30		−20
			−20						−20	−20	+80		−20		
			−10						−90	50	−20		−50		
	−20							−20	+80		−20				
	+30							60	−10		−40				
					−10						−10	−10	+40		−10
					−10						−50	30	−10		−30
			−10						−10	−10	+40		−10		
			−20						−20	40	−10		−20		
10	−40		+10						+20						
50	−10		−10						0						
							−10								
							−10						10	−10	+40
													−30	10	+10
					−10					−10	+40		−10		−10
					−20						−20	20	+10		0
			−5						−5	−5	+20		−5		
			−15						−5	35	0		+5		
			−5		−5		+20		−5				−10		
			−20	15	0		−15				−10		−5		
	−5	−5	+20		−5										
	−15	25	0		−5						−10				
−5	+20		−5					−10							
45	+5		−5					−15							

（平田光穂著，「化学技術者のための数学」，科学技術社（1963）より改変）

表の下まで計算を進めたところでのu_iの値（温度分布）は，次のようになっている．

第10章 偏微分方程式を解く

$u_1=45$, $u_2=25$, $u_3=15$, $u_4=10$, $u_5=60$, $u_6=35$, $u_7=20$, $u_8=10$
そして,残差 R_i の値は次のとおりである。
$R_1=+5$, $R_2=-5$, $R_3=-5$, $R_4=-15$, $R_5=-15$, $R_6=-10$, $R_7=-5$, $R_8=0$
これらの値を見れば,計算のはじめの値に比べてはるかに残差が小さくなっている。さらに,これらの u_i と R_i の値を用いて計算を繰り返せば,残差 R_i の値を小さくすることができる。ただし,より精密な温度分布を求めるには,格子の目を細かくして計算を行わなければならない。

ナビ

Excel ファイル「ex-10.6.1」は緩和法の Excel シートと VBA プログラムである(図 10.6.1)。Excel シートに縦横の格子点数ならびに境界値と格子点内部の初期値(0 としてスタートする場合はブランクでも構わない)を入力し,マクロを実行すれば数値解が得られる。なお,シートでは縦横の格子点数を 10(内部の格子点数は 9)としているが,プログラムでは各々 50 までの計算ができるようになっている。

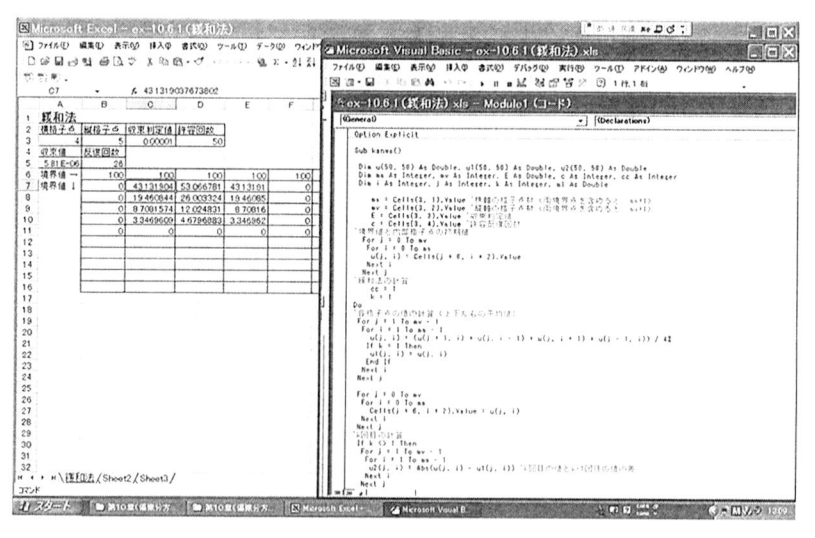

図 10.6.1 緩和法「ex-10.6.1」

例題 10.9

[例題 10.8] について,温度分布の残差が $R_i \leq 0.00001$ となるまで,緩和法によって求めよ。

解

Excel ファイル「ex-10.6.1」を開いてみよ。

> **クリック**
>
> Excel ファイル「ex-10.6.1」は,[例題 10.8]で行った緩和法の手計算を系統的に進めるようにプログラム化したものである。VBA プログラムの内容を順に追ってみて,緩和法の計算手順を理解してもらいたい。

問 10.4

図 10.7 のような境界温度(●印)で四方を囲まれた物体がある。定常状態における物体内部の温度分布を緩和法によって求めよ。

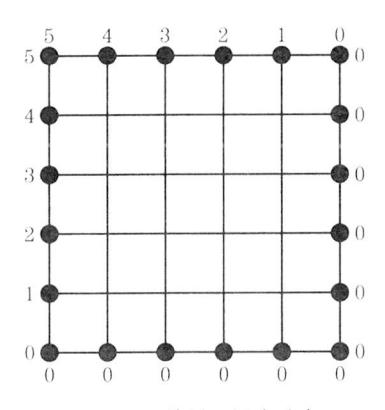

図 10.7 境界の温度分布

10.7 シュミット法と緩和法の組合せ

熱伝導の解析などによく使われる偏微分方程式は，次の形をした2次元の偏微分方程式である。

$$\frac{\partial u}{\partial t} = \frac{\partial^2 u}{\partial x^2} + \frac{\partial^2 u}{\partial y^2} \qquad (1)$$

ここで，t は時間，x，y は平面上の距離を示す。

偏微分方程式(1)の特別な場合（すなわち1次元の場合）は次式となる。

$$\frac{\partial u}{\partial t} = \frac{\partial^2 u}{\partial x^2} \qquad (2)$$

偏微分方程式(2)の数値解は，**シュミット法**によって簡単に求められることを第10.3節で述べた。

また，**定常状態**においては $\partial u/\partial t = 0$ となるので，偏微分方程式(1)は次のラプラスの偏微分方程式となる。

$$\frac{\partial^2 u}{\partial x^2} + \frac{\partial^2 u}{\partial y^2} = 0 \qquad (3)$$

偏微分方程式(3)の数値解は，**緩和法**を用いることによって求められることを第10.6節で説明した。

以上のことから，偏微分方程式(1)の数値解は，**シュミット法と緩和法**を組み合わせることに求められる。

最後に，その方法を簡単に説明して本書の終わりとする。

式(1)の偏微分項を差分の形に直すと，左辺は次のようになる。

$$\frac{\partial u}{\partial t} = \frac{u_{i,j}(t+\Delta t) - u_{i,j}(t)}{\Delta t} \qquad (4)$$

一方，右辺は次のように表される。

$$\frac{\partial^2 u}{\partial x^2} + \frac{\partial^2 u}{\partial y^2} = \frac{u_{i+1,j}(t) - 2u_{i,j}(t) + u_{i-1,j}(t)}{(\Delta x)^2}$$

$$+ \frac{u_{i,j+1}(t) - 2u_{i,j}(t) + u_{i,j-1}(t)}{(\Delta y)^2} \qquad (5)$$

式(4)と式(5)より，偏微分方程式(1)は次の差分方程式で表現される。

$$u_{i,j}(t+\Delta t)-u_{i,j}(t)$$
$$=\Delta t\left\{\frac{u_{i+1,j}(t)-2u_{i,j}(t)+u_{i-1,j}(t)}{(\Delta x)^2}+\frac{u_{i,j+1}(t)-2u_{i,j}(t)+u_{i,j-1}(t)}{(\Delta y)^2}\right\}$$
(6)

ここで，$\Delta x=\Delta y=h$，$\Delta t=k$ とおくと，式(6)は次式となる。

$$u_{i,j}(t+\Delta t)-u_{i,j}(t)=r\{u_{i+1,j}(t)-4u_{i,j}(t)$$
$$+u_{i-1,j}(t)+u_{i,j+1}(t)+u_{i,j-1}(t)\}$$
(7)

ただし，$r=k/h^2$ である。

モジュラスrの値をある許容範囲内で適当に定め，初期条件から計算を進めていけば差分方程式(7)は解けるわけであるが，ここでは簡単のために$r=1/4$とおく。そうすると，式(7)より次の差分方程式が得られる。

$$u_{i,j}(t+\Delta t)=\frac{u_{i+1,j}(t)+u_{i-1,j}(t)+u_{i,j+1}(t)+u_{i,j-1}(t)}{4}$$
(8)

ところで，4つの点 $(i+1, j)$，$(i-1, j)$，$(i, j+1)$，$(i, j-1)$ は格子点 (i, j) に対して上下左右にhだけずれた格子点である。したがって，式(8)によれば，時間tがΔtだけ進んだ時間$t+\Delta t$のときの格子点 (i, j) における$u_{i,j}$の値は，格子点 (i, j) の上下左右の格子点の時間tにおける4つのuの値 $u_{i+1,j}$，$u_{i-1,j}$，$u_{i,j+1}$，$u_{i,j-1}$ の平均値に等しいということである。この考え方がシュミット法であり，その数値解法には緩和法が適用できることになる。すなわち，xy平面をきざみ幅hの格子に分割して格子点に番号をつけておけば，初期条件と境界条件が分かっていると，任意の時間，任意の場所におけるuの値が求められるというわけである。

数学講座　差分近似公式を導く

差分近似の概要はすでに第4章で述べたが，あらためて，1つの独立変数を持つ関数 $g(x)$ の差分近似公式を導くことにする。

$g(x)$ がある狭い範囲で微分可能とすると，その**テイラー展開式**は次式のようになる。

$$g(x+\Delta x) = g(x) + \Delta x g'(x) + \frac{(\Delta x)^2}{2!} g''(x) + \frac{(\Delta x)^3}{3!} g'''(x) + \cdots$$

(1)

ただし，Δx は変数 x の微小な**増分**である。

式(1)右辺の第3項以降を無視すると次式を得る（式(2)は導関数を平均変化率に置きかえたものに相当する）。

$$g(x+\Delta x) = g(x) + \Delta x g'(x) \quad より, \quad g'(x) = \frac{g(x+\Delta x) - g(x)}{\Delta x}$$

(2)

式(2)は**微分の前進差分近似公式**と呼ばれ，$y=g(x)$ 上の点Pにおける接線の傾きを，点Pから Δx だけ移動した $y=g(x)$ 上の点Bとの直線PBの傾きに等しいと考えた場合に相当する（**図10.8**）。

式(1)において x の微小な増分（**減分**）を $-\Delta x$ とすると，$g(x)$ のテイラー

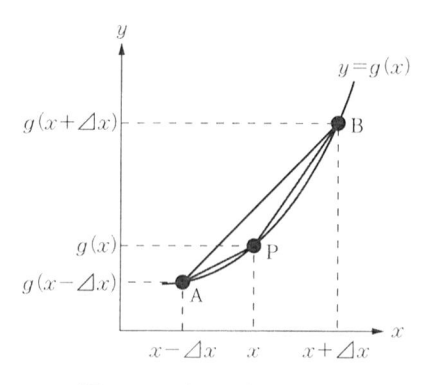

図 10.8　差分近似のとり方

展開式は次式となる。

$$g(x-\triangle x) = g(x) - \triangle x g'(x) + \frac{(\triangle x)^2}{2!} g''(x) - \frac{(\triangle x)^3}{3!} g'''(x) + \cdots$$

(3)

式(3)右辺の第3項以降を無視すると次式を得る。

$$g(x-\triangle x) = g(x) - \triangle x g'(x) \quad \text{より、} \quad g'(x) = \frac{g(x) - g(x-\triangle x)}{\triangle x}$$

(4)

式(4)を**微分の後退差分近似公式**と呼び、$y=g(x)$ 上の点 P における接線の傾きを、点 P から $-\triangle x$ だけ移動した $y=g(x)$ 上の点 A との直線 AP の傾きに等しいと考えた場合に相当する（図10.8）。

式(1)と式(3)の差をとる。

$$g(x+\triangle x) - g(x-\triangle x) = 2\triangle x g'(x) + \frac{2}{3!} (\triangle x)^3 g'''(x) + \cdots \quad (5)$$

式(5)右辺の第2項以降を無視すると、次式を得る。

$$g(x+\triangle x) - g(x-\triangle x) = 2\triangle x g'(x) \quad \text{より、}$$

$$g'(x) = \frac{g(x+\triangle x) - g(x-\triangle x)}{2\triangle x} \tag{6}$$

式(6)を**微分の中心差分近似公式**（中央差分近似公式）と呼び、点 P における接線の傾きを直線 AB の傾きとみなしたものである（図10.8）。

第2次導関数すなわち2階微分の**前進差分近似公式**は、式(2)の関係を用いれば次のようになる。

$$\begin{aligned}
g''(x) &= \frac{g'(x+\triangle x) - g'(x)}{\triangle x} \\
&= \frac{1}{\triangle x} \left\{ \frac{g(x+\triangle x+\triangle x) - g(x+\triangle x)}{\triangle x} - \frac{g(x+\triangle x) - g(x)}{\triangle x} \right\} \\
&= \frac{g(x+2\triangle x) - 2g(x+\triangle x) + g(x)}{(\triangle x)^2}
\end{aligned} \tag{7}$$

2階微分の**後退差分近似公式**は式(4)より次のようになる。

195

$$g''(x) = \frac{g'(x) - g'(x - \Delta x)}{\Delta x} = \frac{g(x) - 2g(x - \Delta x) + g(x - 2\Delta x)}{(\Delta x)^2}$$
(8)

2階微分の中心差分近似公式は式(6)より次のようになる。

$$g''(x) = \frac{g'(x + \Delta x) - g'(x - \Delta x)}{2\Delta x}$$

$$= \frac{g(x + 2\Delta x) - 2g(x) + g(x - 2\Delta x)}{(2\Delta x)^2}$$
(9)

ここで，改めて $2\Delta x = \Delta x$ とおくと，式(9)は次式のように書き直される。

$$g''(x) = \frac{g(x + \Delta x) - 2g(x) + g(x - \Delta x)}{(\Delta x)^2}$$
(10)

3階以上の高階微分も同様にして導くことができる。

参考図書
(順不同)

- 化学工学会編, 「化学工学の基礎と実践」, アグネ承風社 (1998)
- 化学工学教育研究会編, 「新しい化学工学演習」, 産業図書 (1998)
- 田河生長ほか著, 「微分積分Ⅰ」, 大日本図書 (1998)
- 田河生長ほか著, 「線形代数」, 大日本図書 (1998)
- 田河生長ほか著, 「微分積分Ⅱ」, 大日本図書 (1998)
- 田河生長ほか著, 「応用数学」, 大日本図書 (1998)
- 横田壽著, 「応用数学入門」, 開成出版 (1995)
- 城憲三著「応用数学解析」, 養賢堂 (1963)
- 田代嘉宏, 難波完爾編, 「新編 高専の数学3」, 森北出版 (1998)
- 乗松立木著, 「数値計算法」, 電気書院 (1958)
- 洲之内治男著, 「数値計算」, サイエンス社 (1978)
- 藤田重文監修, 「単位操作演習」, 科学技術社 (1965)
- 平田光穂著, 「化学技術者のための数学」, 科学技術社 (1963)
- 平田光穂, 相良紘共著, 「復刻新版 多成分系の蒸留」, 分離技術会 (2006)
- 平田光穂監訳, 「化学技術者のための応用数学」, 丸善 (1968)
- 平田光穂ほか著, 「パソコンによる数値計算」, 朝倉書店 (1982)
- D. Q. Kern著, 「Process Heat Transfer」, McGraw-Hill (1950)
- R. B. Birdほか著, 「Transport Phenomena」, John Wiley & Sons (1960)
- 須藤彰三著, 「波動方程式の解き方」, 共立出版 (1999)
- 相良紘著, 「事例で学ぶ工業数学の基礎」, 日刊工業新聞社 (2001)
- 相良紘著, 「技術者のための実用数学」, 日刊工業新聞社 (2007)
- 長浜邦雄ほか著, 「化学数学」, 朝倉書店 (2004)
- 吉川英見, 川瀬善矩著, 「Excelで学ぶ化学工学」, 化学工業社 (2005)
- 伊東章, 上江洲一也著, 「Excelで化学工学」, 丸善 (2006)

索　引
(五十音順)

【あ行】

一般解 …………………………………… 155
陰解法 ……………………………… 172, 177
インデックス ……………………………… 3
上三角行列 ……………………………… 24
ウエドル（Weddle）の公式 …………… 76
オイラー（Euler）法 ……………… 119, 149
折れ線近似 …………………… 1, 69, 120

【か行】

階差 …………………………… 76, 140, 143
階差表 …………………………………… 8
階数 ……………………………… 115, 149
解の存在範囲 …………………………… 104
ガウス（Gauss）の消去法 ……… 21, 46, 111
ガウス・ザイデルの反復公式 ………… 178
ガウス・ザイデルの反復法 …………… 32
ガウス・ジョルダン（Gauss–Jordan）の消去法 …………………………………… 27
ガウス法 ………………………………… 77
ガウス法の定数 ……………… 79, 80, 82, 84
拡大係数行列 ………………………… 23, 27
加重平均 ………………………………… 67
緩和法 ……………………………… 35, 184
基本行列式 …………………………… 16, 61
級数 …………………………………… 145
境界条件 ………………… 159, 165, 173, 180
境界値問題 …………………………… 184
行基本変形 …………………………… 23
許容誤差 ……………………………… 31
許容値 ………………………………… 180
距離の始点 …………………………… 166

距離の終点 ……………………… 166, 172
近似解 ……………………………… 30, 130
区間の中点 …………………………… 89
クラメル（Cramer）法 ………… 15, 60, 109
クランク・ニコルソン（Crank–Nicolson）法 …………………………………… 171
繰り返し計算 ………………………… 104
係数行列 …………………………… 16, 111, 187
係数行列式 ………………………… 82, 83, 111
元数 …………………………………… 15
高階常微分方程式 …………………… 152
格子間隔 ……………………………… 161, 166
格子点 ………………………………… 161
格子点数 ……………………………… 190
格子番号 ……………………………… 163, 172
合成関数の微分法 …………………… 52
後退差分 ……………………………… 50
後退差分近似 ………………… 159, 160, 162
後退差分近似公式 …………………… 195
後退代入法 …………………………… 21

【さ行】

最小2乗法 …………………………… 43, 55
座標群 ………………………………… 161
差分近似公式 ………………………… 194
差分法 ………………………… 94, 159, 49
差分方程式 ………… 159, 162, 171, 177, 193
サラス（Sarrus）の方法 ……………… 17
残差 ……………………………… 35, 186
修正オイラー法 ……………………… 126
修正解 ………………………………… 130
修正子 …………………………… 127, 141
修正値 ………………………………… 126

索　引

収束解	95	多項式	5, 77
収束条件	93, 97, 105, 109	単純代入法	92
出発値	123, 124, 129, 180	単調減少関数	86
出発値の修正子	143	単調増加関数	86
シュミット（Schmidt）法	167	中間値の定理	85, 104
小行列式	17, 63	中心差分	50
初期条件	116, 159, 165, 173, 180	中心差分近似	159, 160, 162
初期値	123, 124	中心差分近似公式	195
シンプソン（Simpson）の公式	73, 135	直線の方程式	103
数値積分	67	定常状態	185, 186, 192
数値積分の補間式	68	定数係数2階線形微分方程式	155
数値微分	49	定数ベクトル	16
ステップ数	121, 122	テイラー（Taylor）展開	4, 96, 115, 144
正規方程式	15, 44, 60, 108, 114	テイラー級数展開式	117, 194
整式の除法	99	特殊解	115, 155
斉次連立方程式	82, 83		
積の微分公式	53	**【な行】**	
積分曲線	151	内分	85
線形	45	ニュートン・ラプソン（Newton-Raphson）法	108
線形補間法	1	ニュートンの後進形補間式	10, 14, 129, 139
前進型解法	167	ニュートンの前進形補間式	10, 52, 67, 130, 142
前進差分	50	ニュートンの補間法	8
前進差分近似	159, 160, 162	ニュートン法	96
前進差分近似公式	194		
前進消去法	21	**【は行】**	
選点法	39	掃き出し操作	22
相関式	39	はさみうち法	85, 105
		反復公式	178
【た行】		反復値	180
第1階差	8	反復法	31, 35, 92, 177
第2階差	8, 68	被積分関数	67, 72, 74
第3階差	72	非線形方程式	103
対角成分	24, 27	微分係数	49, 55
対角要素	27	平均法	41
台形公式	69	ベルヌーイ（Bernoulli）の微分方程式	134
代数方程式	159	変曲点	86
ダグラス・アバキアン（Douglass-Avakian）法	55		

199

索　引

変形オイラー法 ……………………… 123
偏差 ……………………………………… 41
偏差の2乗和 ………………………… 43, 60
偏差の代数和 ………………………… 41, 42
偏差の方程式 ………………………… 43, 44, 60
偏導関数 ……………………………… 44, 60
偏微分方程式 ………………………… 159
ポアソン（Poisson）の偏微分方程式 …… 185
ホイン（Heun）法 …………………… 126
補間式 ………………………………… 1, 39
補間法 ………………………………… 1

【ま行】

ミルン（Milne）法 …………………… 129
ミルンの公式 ………………………… 129, 141
無次元化 ……………………………… 165
無次元変数 …………………………… 165
無次元量 ……………………………… 165
モジュラス …………………………… 166, 171, 175

【や行】

ヤコビ（Jacobi）の反復法 …………… 31
ヤコビの反復公式 …………………… 178
陽公式 ………………………………… 167

余行列式 ……………………………… 16, 61
予測子 ………………………………… 127, 141
予測子・修正子法 …………………… 127, 129

【ら行】

ラグランジュ（Lagrange）の補間式 ……… 5
ラプラス（Laplace）の偏微分方程式 …… 162
略記法 ………………………………… 161
ルンゲ・クッタの公式 ……………… 152, 153

【数字】

1階常微分方程式 ……… 115, 125, 139, 142, 158
1階連立常微分方程式 ………………… 149, 150
1変数方程式 …………………………… 88
2階常微分方程式 ……………………… 149, 158
2元連立非線形方程式 ………………… 103
2次元の偏微分方程式 ………………… 192
2分割法 ………………………………… 90
2変数関数のテイラー展開 …………… 108
3階常微分方程式 ……………………… 158
3次のルンゲ・クッタの公式 ………… 144
3変数関数のテイラー展開 …………… 114
4次のルンゲ・クッタの公式 …… 134, 144, 147

◎著者略歴◎

相良　紘（さがら　ひろし）

1964 年	早稲田大学第一理工学部数学科卒業
同　年	日本揮発油㈱（現日揮㈱）入社
1990 年	同社技術研究所長
1993 年	同社参与　エンジニアリング要素技術開発部長
	兼開発プロジェクト部長
1994 年	同社参与　システム技術部長
1998 年	同社参与　品質安全環境監理部長
1999 年	国立宮城工業高等専門学校理数科教授
現　在	法政大学物質化学科，神奈川工科大学応用化学科，
	日本大学物質応用化学科　非常勤講師

工学博士

●著書：「分離」（培風館，1995 年）
　　　　「入門　化学プラント設計」（培風館，1998 年）
　　　　「分離精製技術入門」（培風館，1998 年）
　　　　「事例で学ぶ　工業数学の基礎」（日刊工業新聞社，2001 年）
　　　　「復刻新版　多成分系の蒸留」（分離技術会，2006 年）
　　　　「技術者のための　実用数学」（日刊工業新聞社，2007 年）

技術者のための
数値計算入門　Excel VBAで学ぶ

NDC 418.1

2007 年 9 月 28 日　初版 1 刷発行
2024 年 3 月 22 日　初版 4 刷発行

（定価はカバーに表示してあります）

Ⓒ　著　　者　相良　紘
　　発行者　井水　治博
　　発行所　日刊工業新聞社
　　　　　　〒103-8548　東京都中央区日本橋小網町 14-1
　　電　　話　書籍編集部　03（5644）7490
　　　　　　　販売・管理部　03（5644）7403
　　F A X　03（5644）7400
　　振替口座　00190-2-186076
　　U R L　https://pub.nikkan.co.jp/
　　e-mail　info_shuppan@nikkan.tech
　　印刷・製本　新日本印刷㈱（POD3）

落丁・乱丁本はお取り替えいたします。
2007 Printed in Japan
ISBN 978-4-526-05940-7

〈日本複写権センター委託出版物〉
本書の無断複写は，著作権法上の例外を除き，禁じられています。